王均熙　编著

成功之道

上海大学出版社
·上海·

图书在版编目(CIP)数据

成功之道 / 王均熙编著. —上海：上海大学出版社，2019.7
ISBN 978-7-5671-3617-5

Ⅰ.①成… Ⅱ.①王… Ⅲ.①成功心理－通俗读物 Ⅳ.①B848.4-49

中国版本图书馆CIP数据核字（2019）第120859号

责任编辑　傅玉芳
装帧设计　缪炎栩
技术编辑　金　鑫　钱宇坤

成 功 之 道

王均熙　编著
上海大学出版社出版发行
（上海市上大路99号　邮政编码200444）
（http://www.shupress.cn　发行热线021-66135112）
出版人　戴骏豪

*

南京展望文化发展有限公司排版
上海华业装潢印刷厂印刷　各地新华书店经销
开本710mm×960mm　1/16　印张12.25　字数153千
2019年7月第1版　2019年7月第1次印刷
ISBN 978-7-5671-3617-5/B·116　定价　30.00元

前　言

　　本书讲述获得成功的要素：需要智慧、策略和独特的眼光；需要勤奋、努力和持之以恒的精神；需要发扬团队精神，在自信的同时信任他人；要敢于冒险，敢于挑战，不怕困难，不怕失败；需要坚信自己的能力，并把自己的潜力充分挖掘出来；要根据自己的实际情况制定奋斗目标，切忌好高骛远；有时也需要改换思路，另辟蹊径，不要撞了南墙不回头……

　　本书取材于报刊文摘、新民晚报、文汇报、新民周刊等报刊，是编者多年积累的成果。

　　本书的出版得到上海大学出版社常务副总编辑傅玉芳女士的鼎力相助，在编写过程中还得到了叶小燕、叶燕萍两位女士的大力帮助，谨在此一并致以深切的谢意。

王均熙

2019年4月15日

不怕犯错和失败 …………… 1
错误与智慧 …………… 1
失败不是悲剧 …………… 1
冠军也曾输在起跑线上 …………… 2
没什么是输不起的 …………… 2

不要好高骛远 …………… 4
成功从一小段开始 …………… 4
眼光无须太远大 …………… 4
看得太远不如看清眼前 …………… 5
选择最近的 …………… 6

不要耍小聪明 …………… 7
小聪明与破绽 …………… 7

策　略 …………… 8
利用自私 …………… 8
维权创意 …………… 9
搬走多余的凳子 …………… 9
抢购一空 …………… 10
高一级迎刃而解 …………… 11
你"坐"到位了吗？ …………… 12
换个办法图清静 …………… 13
营销策略 …………… 13
"送者贱，求者贵"的思考 …………… 14
煮"石头汤" …………… 14
用蛋管住鸡 …………… 15
"兔死狗烹" …………… 16
给浪费制造"麻烦" …………… 16
那人又不是你 …………… 17

十六个钟………………………… 17
　　恩　　赐………………………… 18
　　白手起家………………………… 18

诚　信………………………………… 20

　　真实的魅力……………………… 20
　　一盎斯忠诚等于一磅智慧……… 21
　　强大在内心……………………… 21
　　诚实的噪声……………………… 22
　　诚信胜过生命…………………… 23
　　谁继承王位……………………… 24
　　为何不录用资历最佳者………… 24

持之以恒……………………………… 26

　　李锂的创富逻辑………………… 26
　　毅　　力………………………… 26
　　微软招"笨人"………………… 27
　　每天都做一点点………………… 28
　　三个人的殊荣…………………… 29
　　金霉素与四环素的产生………… 29
　　纸篓与画展……………………… 30
　　不要直起腰……………………… 31

打破常规……………………………… 32

　　坚固的流沙……………………… 32
　　出口并不总在光亮处…………… 33
　　随机应变………………………… 33

发挥优势……………………………… 34

　　反说木桶原理…………………… 34

方向不等于能力 ·················· 35
　　钓　竿 ······················ 35
　　路与方向 ···················· 35

防止激励过敏 ···················· 37
　　迷失的激励 ·················· 37

付诸行动 ························ 38
　　英雄与门 ···················· 38
　　成功不在能知在能行 ············ 39
　　快点"站起来" ················ 39
　　真正的人才 ·················· 40
　　好的生活没那么贵 ············ 41

敢于冒险和挑战 ·················· 43
　　冒险是一种智慧 ·············· 43
　　"流言终结者"火十年绝非偶然 ····· 44

观　察 ·························· 47
　　把压力化作动力 ·············· 47
　　把阳光加入想象 ·············· 48
　　绝境里的机遇 ················ 48
　　别让灰尘落在心上 ············ 49
　　意外发现 ···················· 50
　　灾难的馈赠 ·················· 51

换一种思路 ······················ 52
　　用思路疏通道路 ·············· 52
　　从无解中求答案 ·············· 53

- 换个角度，你就是赢家……… 53
- 变废为宝……… 54
- 博诺的横向思维……… 55
- 保护大象的方法……… 56
- 逃离思维陷阱……… 57
- 换个说法……… 57
- 温馨提示……… 58
- "驱赶"良方……… 59
- 为"朋友"让出海滩……… 59

及时转移方向……… 61
- 打不过就跑……… 61
- 画家的餐巾纸……… 62
- 先把帽子扔过栅栏……… 62

简　单……… 64
- 成功其实很简单……… 64
- 斜坡的区别……… 65

解除束缚……… 67
- 割断束缚才能绝处逢生……… 67

经　验……… 69
- 美国经营最佳公司的经验……… 69
- 经验并不可怕……… 70
- 秘　诀……… 70
- 学历最高的人……… 71

开创性……… 73
- 一次开创性表演……… 73

成功或许是失败之母…………… 74
　　人只怕没方向………………… 75
　　金子与大蒜…………………… 75

乐　观………………………… 77
　　快乐是一种能力……………… 77
　　快乐是生命的支点…………… 78

另辟蹊径……………………… 79
　　打开天堂之门………………… 79
　　面试失败之后………………… 79
　　忘记抱怨……………………… 80
　　学会"绕"的智慧…………… 81
　　舍鱼卖缸……………………… 82

名家论道……………………… 83
　　俞敏洪谈分享………………… 83
　　人生不能太安分……………… 84
　　变革自己……………………… 85
　　马未都解读"李约瑟难题"… 86
　　唐骏谈企业管理……………… 87
　　曾子墨回忆一次难忘的面试… 88
　　弄斧必到班门………………… 89
　　陶渊明传授学业之道………… 89
　　修　炼………………………… 90
　　格林斯潘的成功秘诀………… 91
　　国际报业大王谈成功经验…… 92
　　成功者的三个秘密…………… 93
　　给儿子的赠言………………… 94

磨　砺……………………………… 95
　　给自己插一根竹签……………… 95

勤　奋……………………………… 97
　　别迷失在"成功故事"中……… 97
　　你有什么条件赢别人…………… 98

求　败……………………………… 100
　　不要赢…………………………… 100

缺点变优点……………………… 101
　　善用丑的特性…………………… 101
　　成功就是打个洞………………… 102
　　扬长避短………………………… 103
　　改变命运的一句话……………… 103

弱者也能赢……………………… 105
　　弱者反而最易赢………………… 105
　　天空才是我的极限……………… 105

善于用人………………………… 107
　　韦尔奇的"活力曲线"………… 107

团队精神………………………… 108
　　成功在于合作…………………… 108
　　失误归领导，功劳归团队……… 109
　　一字之差………………………… 110

挖掘潜能 ············ 111
　　一杯水的容量 ············ 111

细节决定成败 ············ 113
　　成败一口气 ············ 113
　　洗手的时间 ············ 114

先学做人 ············ 115
　　半截铅笔 ············ 115
　　先做人后做事 ············ 116
　　言行就是"介绍信" ············ 116
　　天使为什么能飞翔 ············ 117
　　成功的另一种哲学 ············ 118

信任他人 ············ 120
　　利用他人的思维 ············ 120
　　有一种美丽叫信任 ············ 121
　　信任的力量 ············ 121

寻找最佳方案 ············ 123
　　邮寄砖头 ············ 123

眼　光 ············ 124
　　不同的眼光 ············ 124
　　投资于人 ············ 124
　　擦皮鞋成名流 ············ 125

养成好习惯 ············ 126
　　成功者的十三个习惯 ············ 126

迎难而上 ················ 128
  有难度才有高度 ········· 128

永不言悔 ················ 129
  摆脱过去的桎梏 ········· 129

有舍才有得 ·············· 131
  学会放弃 ··············· 131
  应该有些事输给人家 ····· 132
  "因为我可以穷" ········· 133
  吃小亏占大便宜 ········· 133

与众不同 ················ 136
  把自己培育成一粒红绿豆 ········ 136

欲速则不达 ·············· 138
  有一种毒药叫"成功学" ········· 138

在工作中享受快乐 ········· 140
  短跑冠军自我解释 ······· 140

智　慧 ·················· 141
  两种不同的勇敢 ········· 141
  没有孩子的房客 ········· 141
  遭遇强盗 ··············· 142
  智慧不会淹没在嘲笑中 ··· 142
  片面的实话 ············· 143
  用智慧拯救自己 ········· 144

抓住机会 …… 145
 机会稍纵即逝…… 145
 机会只有三秒钟…… 146

自　信 …… 147
 自信等于成功一半…… 147

学点生意经 …… 148
 免费的背后…… 148
 货比一家…… 148
 跟在"热门"后面…… 149
 总有些人等不及…… 150
 对外形象…… 151
 记在心上…… 151
 倾斜的商机…… 152
 入　口…… 153
 八佰伴的生意经…… 153
 先机并不决定一切…… 154
 猎　奇…… 154
 出奇制胜…… 155
 《消息报》的征订启事…… 155
 诚品书店搬迁启事…… 156
 犹太人的生意经…… 157
 亏本的刀架…… 159
 迪斯尼的清洁工…… 160
 换个盘子卖鸡蛋…… 160
 无字天书…… 161
 看谁剩的钱最多…… 161
 维他命的奇效…… 162

借　鉴……………………… 163
可以清心也………………… 163
掌握对方思考方向………… 163
把细节做到极致…………… 164
矮门进高人………………… 165
放低三十厘米……………… 165
死智慧与活智慧…………… 166
精明的老板………………… 167
真正的精品………………… 168
各占各的便宜……………… 168
收藏家的还价原则………… 169
不吃"全鱼"……………… 170
卢兹比萨饼………………… 171
"世界最差酒店"………… 171
商　道……………………… 172
一张"无价"的售房宣传单…… 173
趣味经济学………………… 174
价格的"魔术"…………… 175
为何销毁八十万块劳力士…… 175
乞丐的哲学………………… 176
利人利己…………………… 177
为自己做一块奶酪………… 178
马化腾的经验……………… 179
谷歌招聘的五项标准……… 179
歌剧与餐馆生意…………… 180

不怕犯错和失败

错误与智慧

总经理对人事部经理说:"调一个优秀可靠的职员来,我有重要的工作交给他做。"

人事经理拿了一本卷宗对总经理说:"这是他的资料,他在本公司服务了十年,没有犯过任何错误。"

总经理说:"我不要这个十年没有犯过错误的人。我要的这个人,曾犯过十次错误,但是每次都能立即改正、得到进步,他才是我需要的人才。"

谨慎自爱本是美德,但是倘若过分,就变成畏缩无能。在战壕里,战士倘若开枪射击,就容易暴露目标,但是一枪不放的战士又如何立功?

多做多错,少做少错,不做不错,这话确实是经验之谈,但是发明这句话的人可曾想过:不做不错的"不错",到底有什么价值?

失败不是悲剧

北京奥运会时采访跆拳道选手苏丽文,令人最好奇的是,她倒地之后那几秒钟里在想什么。

她说:"前两秒用来休息恢复体力,后两秒用来想战术回击。"

她倒地十四次，但倒在地上的几秒钟，不是在自怜和感伤，或者只是简单地忍受痛苦，而是为了责任而坚持，"前两秒用来休息恢复体力，后两秒用来想战术回击"的意思是——她要赢！

射击名将埃蒙斯最后一枪射失后，有人现场脱口而出："雅典的悲剧重演。"

有人纠正说："是失败，不是悲剧。"

他说得对，失败不是悲剧，放弃才是。

冠军也曾输在起跑线上

在日本大阪世界田径锦标赛男子110米栏决赛中，"飞人"刘翔以12秒95夺冠。这是他夺得的第一枚世锦赛金牌，也是中国代表团田径世锦赛历史上的第一枚男子金牌。比赛记录表明：刘翔的起跑反应时间是0.161秒，在八名选手中列在第五位。其实，在以往的许多国际赛事中，刘翔的起跑反应都慢于别人，可以说，有好几次，刘翔都是"输在起跑线上，却赢在终点"的世界冠军。

起跑慢，刘翔依然获得了冠军。可见，输在起跑线上并不可怕，决定一个人、一家企业、一个地方最终成败的，往往不是起跑线上的谁先谁后。重要的是，输，不能输掉希望、信念、干劲。奋起直追，一样能够变"起跑线上的输"为"终点上的赢"。

没什么是输不起的

1935年秋，枯黄的落叶缓缓地落在麻省理工学院的校园里。一个满怀心事的中国小伙子在这铺满枯黄落叶的校园里踱步。

年轻人不久前才从中国来到这里求学。怀揣着理想和激情的他来了一段时间之后，文化的隔阂、生活习惯的不同使得他害怕自己无法以优异的成绩从这里毕业,愧对家乡的父老乡亲。

忽然,他发现不远处有一群人聚在一起热烈地讨论着什么。原来,一个送快餐的大胡子男人看到一辆新出产的轿车之后忍不住评价了几句。由于他说得非常专业,车主就和他热情地攀谈起来,并很快吸引了不少行人。

大家好奇地问他为什么懂得这么多和汽车有关的知识,他有些羞涩地告诉大家,他以前是一家汽车公司的老板,因为经济不景气,所以企业破产了;为了养家糊口,他就送起了快餐。围观的人们感叹着,大胡子却丝毫没有沮丧的神情,反而笑着说道:"没什么输不起的!不开汽车公司,我也能照样养活一家人。"

说完,大胡子手拿快餐盒吹着口哨离开了。此刻,这个年轻人的心中掀起了阵阵波澜:的确,也许这世上根本就没什么绝境,自己也没什么是输不起的!

没有了心理负担的年轻人在短短几年里就有了脱胎换骨的变化。后来,他以出色的成绩从麻省理工学院毕业,并且很快取得了一系列令人瞩目的研究成果。

这个年轻人就是后来被誉为"中国航天之父"的科学泰斗钱学森。

人生就是一场旅行,在人生的尽头,每个人都将一无所有,那你还有什么是输不起的?

不要好高骛远

成功从一小段开始

一位成功的企业家,在一次演讲时拿出许多五颜六色的皱纹纸带,分发给每一个听讲者,要求他们只能用目测,不能使用任何测量工具,每人裁下一段三十厘米的纸带。然后,他又要求每一个听讲者用同样方法裁一百五十厘米和五百厘米的纸带各一段。大家裁完后,企业家掏出卷尺,仔细地测量一条条纸带的长度,并公布了他的测量结果。

三十厘米的纸带组成的一组,平均误差不到5%;

一百五十厘米的纸带组成的一组,平均误差上升为11%;

五百厘米的纸带组成的那一组最令人吃惊,平均误差高达19%,个别的误差竟达一百多厘米。

原来,我们确立的目标越小、越集中,就越容易取得成功;目标太大、太宽泛,就容易偏离,可能最终一事无成。其实,要提高人生成功的概率,每次完成一小段就可以了。

眼光无须太远大

美国航空业在发展中最先要确定的是:做客机还是做货机?各大航空公司不约而同地回答:"两个都做,因为客舱下面还有剩余的空间。"所以,美国的各大航空公司都客货兼营。

航空公司接下来要决定到达地的问题:飞商务城市还是度假胜地?这次不约而同的说法是:"两种都飞,休斯敦和檀香山都要占领。"

下一个是关于经营范围的抉择:飞国内还是飞国际?答案已经能猜出来:"老规矩,两种都拿下。"所以,美国的各大航空公司既载客又运货,既飞国内又飞海外。

最后一个问题是:设头等舱、商务舱还是经济舱?对此,绝大部分航空公司又一次不约而同地回答:"三种都要,一种都不能少。"

只有美国的西南航空公司一家比较另类,它的飞机只飞商务城市,不飞度假地;只有经济舱,不提供头等舱或商务舱;只飞国内,不飞国际,而且,西南航空公司只用波音737这一种机型。

当大家都笑西南航空公司"鼠目寸光"的时候,差别却很快显现出来。正是这种"短浅目光",提升了西南航空公司的运营能力,成为其投诉率在整个美国航空业常年保持最低的原因。西南航空公司在过去十年中更是保持了良好的赢利势头。

目光不用太远大,想跟比你更强大的企业竞争,只需要一个比它更狭窄的焦点。

看得太远不如看清眼前

日本著名作家大江健三郎有个智障的儿子,儿子每天夜里十二点都要起身,天冷时常因不知道穿衣服而着凉,大江健三郎就起来帮儿子披上衣服。这样的日子大江健三郎坚持了四十多年。七十三岁的他回首往事时,颇多感慨,他说:"二十多岁时,如果我知道这种日子会成为永远,那简直是不可想象的人生,我也许会没有勇气面对;四十多年后,回头看真实的日子,我反倒不觉得悲苦。对儿子的照顾增添了我无穷的精力,从而让生活变得更有意义。"

我们做事之所以常常半途而废，往往不是因为困难太多、阻力太大，而是因为我们觉得成功距离我们太远。看得太远了，很容易被远处的困难所吓倒。不看这么远，虽然有鼠目寸光之嫌，但它能让你专心致志、一心一意地解决眼前的问题。目标定得太高，反倒容易好高骛远；目标定得离现实近些，才更容易脚踏实地、稳稳当当地前进。

选择最近的

巴黎一家现代杂志曾经刊登过一个非常有趣的竞答题，让读者参与回答，然后从中评选最佳答案。题目是：如果有一天卢浮宫突然燃起了大火，当时你在场，时间紧急，你只能从馆内众多艺术珍品中抢救出一件，那么你会选择哪一件？在数以万计的读者来信中，有人提议按照艺术品的价值，选一件最昂贵的；有人说选一件最古老的；也有人说选择自己最喜欢的。一位年轻画家的答案被评为最佳——选择离门最近的那一件。

选择最近的，这就是成功的捷径。许多人难以成功，就在于考虑得太多，左思右想，患得患失，从而坐失良机，事与愿违。记住，盯住最近的、最容易的、最快捷的，那么你将唾手可得，容易取得成功。有了一个小小的成功，就有更大的信心、更大的勇气继续走下去。这样，一个个最近的、最快捷的成功串连起来，就会成为最远的、最艰难的成功，自然也就是巨大的成功了。

不要耍小聪明

小聪明与破绽

上级派人到部队选拔战士，在他们到达之前，部队已经经过三轮筛选了，仅仅挑出五个候选人，其中有一个是小辛。

小辛参加的选拔考试经历大致如下——第一步是军事技术考核，成绩优秀；第二步是文化水平测验，成绩仍然优秀；第三步是面对特别事件的反应能力……

"请问1+1等于几？"主考官严肃地问道。小辛愣住了，考虑片刻，忽然想到看过的一则故事，赶紧回答："在陈景润那里非常复杂；在政治家那里，可以是任意数；在商人那里……"

"敌人追击你，而你面对的是个悬崖，怎么办？"主考官再问。小辛大脑急速运转，答："将鞋子脱一只下来放在悬崖边，制造落崖的假象；而我则躲到悬崖下面去……"

小辛就败在这几个看似简单的问题上。因为这几个题目根本没有标准答案，只是看被测试者喜不喜欢玩"小聪明"，结果大多数候选人都有那么点小聪明，被刷下来了。

主考官为什么讨厌小聪明呢？因为任何小聪明都是容易被人察觉的，小聪明越多，这个人的破绽就越多，小聪明往往意味着难成大事。

策　略

利用自私

美国的一位心理学家在露天游泳场中做了一个有趣的试验：故意安排不同的人溺水，然后观察有多少人会去营救他们。结果耐人寻味。在长达一年时间的试验中，当白发苍苍的老人"溺水"时，累计有二十人前去营救；当孩子"溺水"时，累计有三十二人前去营救；而当妙龄女子"溺水"时，营救人员的数字上升到五十人。

心理学家称，这个试验可以证明人性中有自私的倾向。虽然同样是救人，但他们在跳下水的那一刻，心里的想法并不相同。

人是"自私动物"，这并不是一件可耻的事。重要的是，我们如何认识和利用"自私"。

一座城市的郊区有一座水库，每年夏天都吸引了一大批游泳爱好者前去游泳。水库是城市自来水工厂的重要取水源，为了保持水源的清洁卫生，自来水厂在库区竖了许多"禁止游泳"的牌子，但效果并不理想，人们照游不误。

后来自来水厂换了所有的禁止类的标语，公告牌上写着："你家用的水来自这里，为了你和家人的健康，请保持清洁卫生。"结果，库区中的游泳者就鲜见了。

人性之私，我们不容回避。我们要做的就是营造"我为人人，人人为我"的氛围。我们知道这个世界上需要无私奉献,但事实上,生活中的许多事儿都因为只强调"无私"而收不到良好的效果。

维权创意

世界各大视频网站热播着一个名为《美联航弄坏吉他》的音乐视频。加拿大乡村歌手戴夫·卡罗尔在这个自导自演的视频里唱出亲身经历:乘坐美联航的飞机,托运的吉他被机场行李搬运工损坏,找美联航投诉,却遭遇近一年的"踢皮球"。

这个幽默讽刺的视频一亮相就成为大热门,点击量逼近四百万人次,单是英文留言就已超过一万四千条。歌曲一炮而红后,美联航形象受损、股价下跌,只能一改过去的冷漠和推诿,付给了卡罗尔赔偿金。

尽管美国有一套相当完善的消费者保护体系,但消费者权益受损的案例还是层出不穷。

在一些大公司的实践中,盈利最大化与保障消费者权益之间的天平从来都是倾斜的。一些大公司嫌消费者权益保护法碍手碍脚,故意设置烦琐的程序和苛刻的条件让消费者知难而退。以一己之力对抗大公司,消费者显然处于劣势。像卡罗尔这样的消费者只好"剑走偏锋",创意维权。创意方式通过网络的放大、串联和集合作用,使消费者在面对大公司时拥有了新的力量。

搬走多余的凳子

开会迟到,可是一个世界性难题。公司每次开会,总有职员迟到。公司为此制定了种种奖罚措施,但是开会迟到依然是个难题。

不久,公司新来了一位办公室主任,公司的会议多数由他主持。第一次开会,众多迟到者像往常一样,陆陆续续走进会议室。他们环顾一圈发现：会议室里不仅原来预留的会议凳没有了，而且会议室一个多余的座位都没有。来晚的职员，只得在会议室一角站着开会。一次会议下来，迟到者腿都站肿了。第二次开会，迟到者明显比上次少了。第三次开会，竟没有人迟到。

原来，办公室主任发现：会议室平时摆放着多余的会议凳，每次开会，迟到者总不急不慢地进来就座。于是，开会时间一到，他叫人把会议室多余的凳子全部搬走。如此一来，来晚的都是要站着开会的。于是，人人争先。

其实，人都是有惰性的。人的惰性多数来源于生活和工作的环境，当惰性的依附消失，人就会改变原来的习惯。而管理上有很多事也不必大张旗鼓或大动干戈，只要找准问题的关键所在，事情就会变得像搬走多余的凳子那样简单。

抢购一空

阿龙是私营企业老板，从不亏待员工，且经营有方，公司效益连年翻番，很多人都想去他的公司谋职。

阿龙总还觉得缺点啥，考虑再做做文人。开始写作后，他把文章都投给报刊，但文字功底太差，投了近百篇稿件也没被刊用。

遭如此打击，阿龙并没放弃。他思索一番后，打算自费出本书。阿龙所写文章大多与经商有关，且都带点理论性。于是经出版社一策划，一本《阿龙言商论道》问世了。

阿龙首次出书，只印了一千本。岂料几个月过去，放在书店里根本无人问津。

一天我们几个好友在一块喝酒，阿勇醉醺醺地对阿龙说："我承认你搞经营有一套，但写书不怎么样。我劝你别再把它摆在书店，还是找个收破烂的卖了吧。"阿龙哪受得了这种刺激，忿忿地说："我跟你打赌怎么样？我保证那些书不出一周就被抢购一空。"

几天后，阿勇给我打电话说："上次打赌我输了，没想到阿龙的书真被抢购一空。"我问："他用了什么促销手段？"阿勇叹了口气，说："最近他们公司正在招人，他看应聘者众，就贴出这样一张告示：此次面试题不难，内容多出自《阿龙言商论道》。新华书店有售。"

高一级迎刃而解

不久前，小平去加拿大旅游。由在该国定居多年的小叔驾着车，载小平从魁北克赴蒙特利尔游玩。

轿车驶入一段高速公路，突然失去平衡，左侧车轮似悬空般地飘起来。小叔笑着说："没事，我们一定是进入了限速路段，车子超速便失去了平衡。"

他缓缓地降低车速，轿车果然很快恢复了平衡。小平看见前方路旁立了警示牌，上面标着"全程限速70码"的提示语，不禁诧异地问："莫非这路做了特殊处理，行驶的车辆只要超过限速就会失去稳定？"

小叔点了点头，然后断断续续地讲起那些与高速公路有关的事。

加拿大各城市间遍布畅通的高速公路，过去也时常有因超速行驶而导致的悲剧发生。政府为限制超速，便在道路两侧安置了许多摄像头，以收集证据对违章车辆进行重罚，结果政府的收入增多了，可交通事件却未减少。这种状况引起了国民的争议，有人建议政府不该把超速责任全归结于驾驶者，单靠罚款来限制超速，而应采取改进高速路设计的办法，通过投资修建车辆一旦超速将无法正常行驶的道路，来阻止超速行为。这一建议得到采纳，此后高速公路便严格按限速要求设计施工，交通事故从此得以逐年减少。

为何道路问题通过惩罚违章违规者毫无起色，而改进道路设计却收到意想不到的成效？其实，战略管理学家魏斯曼早就给出了答案："一个问题的解决，总是依赖于与问题相邻的更高一级问题的解决。"

你"坐"到位了吗？

"坐在哪儿"是我们每天都要面对的问题。

比如开会，领导已经落座，一屋子空椅子，你会坐在他对面、旁边、斜对面还是干脆坐他背后？跟同事辩论，你是和他面对面还是并排坐？还有赞美、批评对方，你的坐向会有变化吗？

有这样一个例子：美国有位评论型电视节目制作人挺烦恼，节目中总是缺乏辩论高潮。他请教一位心理学家。心理学家提了一个建议："改变一下座位的横排方式。"也就是说，由以往的横排而坐，改成两人相对而坐。自从接受这个建议后，每次的节目都能掀起热烈的论战。

再比如坐向问题。

朋友B说到开会坐向。他不坐领导旁边，如果领导想和你讲话，必须扭头，多累啊。他也不坐领导背后，你来十次，他可能一次都没注意到你。最好的位子就是让彼此的视线斜向交错，减弱视线的对立性，但又不至于没看到你。当然，最不能坐的，就是正对面，那可是靶心区。

有位商界的人士说，当他跟人谈生意的时候，一定要面对面，可以看见彼此的脸。但只要谈成了，签字时，就算同一张桌子，他也一定会坐到侧面，因为这样比较亲近。

就算一屋子座位，其实适合你坐的只有那么几个，找准了，你是胜利者；不得要领，就算当了牺牲品你可能还不自知。

换个办法图清静

一个外国老人退休后在滨湖区买了一所房子,想图个清静。住下没几周,附近的草地上就开始有几个年轻人追逐打闹,踢垃圾桶,且大喊大叫。老人受不了这些噪声,出去对年轻人说:"你们玩得真开心。我喜欢热闹,如果你们每天都来这里戏耍,我给你们每人一元钱。"年轻人非常惊讶,玩了还能拿钱,何乐而不为呢?于是他们更加卖力地闹起来。过了两天,老人"愁眉苦脸"地说:"我到现在还没有收到养老金,所以,从明天起,每天只能给你们五毛钱了。"年轻人虽然不太开心,但还是接受了老人的钱,每天下午继续来这里打闹。又过了几天,老人"非常愧疚"地对他们讲:"真对不起,通货膨胀使我不得不重新计划开支,所以每天只能给你们一毛钱了。""一毛钱?"一个年轻人脸色发青,"我们才不会为区区一毛钱在这里浪费时间呢,不干了。"从此,老人又有了宁静悠然的日子。

看似一件糟糕的事情,换个角度去解决它是不是效果更好?

营销策略

苏联国内战争刚结束时,食品严重短缺,政府明令禁止哄抬物价的行为。但有一个男人却把鹅卖到了五百卢布一只,因此大赚了一把。他的邻居很羡慕,也在报纸上登了一则卖鹅启事,但一只鹅还没卖出去,警察就找上门来了,没收了他所有的鹅。

"你的鹅也卖五百卢布一只,为什么警察不处罚你呢?"疑惑不解的邻居登门讨教。

"我的启事一直都是这么写:本人星期日在中心广场丢失五百卢布,拾到送还者重谢活鹅一只。启事登出的第二天,半个城市的人都会来送还我丢失的那五百卢布……"

"送者贱,求者贵"的思考

五年前,小泉去一偏僻山村采访,见地里种的全是当地的老品种油菜,秸秆细弱,株矮枝疏,便问同行的乡长为何不叫农民改种杂交油菜,乡长一脸无奈,农民不相信呗!

于是小泉给他讲了下面这则故事:当年土豆传到法国时,法国农民并不愿种,有人出了一个怪招,在各地种植土豆的试验田边,派全副武装的士兵日夜把守。周围的农民一见此等阵势,认为地里种的肯定是金贵至极的好东西。于是,他们时常趁机溜进试验田里,把偷回的土豆种在自家的地里。渐渐的,土豆成了法国农民广为种植的一种农作物。

前不久,那位乡长给小泉写来了一封信。说是该乡临近山区的四个村成了养羊基地,规模大着呢!一去才知,当初乡里决定在四个村中每村只选一户饲养波尔山羊,决不多选!为了慎重起见,由乡长任推选组组长,推选前,乡里提出很多苛刻条件,整整忙活了一个月,乡里为这四户每户引种羊一百只,多一只也不行。乡里还组织这四个村的联防队员每晚轮流值班看羊。等羊下了羊崽后,乡里说要出口,不让养羊户私自出售。左邻右舍看着眼馋,托亲拜友,晚上摸黑溜进养羊户家里,好说歹说也要偷偷买回几只波尔山羊饲养。如今这几个村户户养羊,人均收入已超过万元。

人们总以为送者贱求者贵,越是兴师动众,越是气派考究,越是珍贵。但我们看到的,常常都是抬高身份的筹码。

煮"石头汤"

一个饿汉来到富人家门口对他说:"我带了些石头,想用一下你的锅煮点石头汤喝。"富人感到很奇怪,石头怎么能煮汤喝?于是,富人让他进屋,借他一口锅。饿汉把石头放进锅里。煮汤得加水吧,富人给了他一些水。煮汤得加盐吧,富人又给他一些盐。煮汤还需要调料吧,富人又给他一些调料。就这样,饿汉喝上了有滋有味的汤。

世上的事情,办法总是多于困难。只要我们认准一个合理的目标并为之努力,在困难面前就会释放出超常的智慧和潜能。

用蛋管住鸡

考恩从市场上买来几只小鸡,养在了自家院里。他希望小鸡能快点长大,早日下蛋。

一天考恩下班回来,看到有人在院门口挂了个牌子,上面写着:"请管好你的鸡,别让它们再窜到我家院子撒野。"

那之后,考恩常听到邻居理查德在大声抱怨,一会儿说鸡踩了他家的花草,一会儿说他家院子里有鸡粪……考恩想:不就是几只调皮的鸡,值得这般小题大做吗!

事态的发展超出了考恩的预料,有天他清点鸡时突然发现少了一只,于是慌张地跑到理查德家,发现那只鸡果然被他关在笼子里,上面还挂了个牌子:再不管好鸡,我就宰了它。

考恩抱起鸡,找理查德理论:"我家的鸡只是偶尔溜到你家,至于你如此报复吗?"理查德气不打一处来:"它们敢再来破坏,我就下手!"两人吵了半天才罢休。

那之后,考恩还是任由鸡到理查德家的院子里撒野,可理查德却再没抱怨过。直到有一天清晨,考恩准备出门,突然听见理查德的女儿大叫起来:"我在草丛里发现了三只鸡蛋!"理查德回应说:"不要大惊小怪,这几天咱家吃的鸡蛋全是在那捡的。"

考恩听得真切,当即在院里搭起鸡圈,再不让鸡溜到理查德家了。

在这个讲求利益的世界,触动人的实际利益远比空洞的论理更有效果。

"兔死狗烹"

苏联艺术家法沃尔斯基每当给一本书画完插图时,总要在其中的一幅画上,不伦不类地画上一只狗。毫无疑问,美术编辑一定会要求把这只狗去掉,而法沃尔斯基却固执己见,与编辑争论不休,非要保留这只狗。当争论达到最激烈的时候,法沃尔斯基就作出让步,将画面上的狗涂掉。这个时候,一般来说编辑的愤怒就烟消云散,不会再提别的要求,因为自尊心得到了满足。但事实上更满意的是法沃尔斯基本人,他的巧计成功了。因为他很清楚,如果没有编辑所诅咒的这只画蛇添足的狗,那编辑还会在画上找出其他毛病呢!

给浪费制造"麻烦"

英国企业把垃圾桶"请"出办公室,其用意在于工作人员要是"不愿意为扔张纸绕上好远的道儿",那就只有把这张纸重复使用。类似这一"小聪明"的还有,在巴黎的大学食堂中找不到任何垃圾桶,取而代之的是"剩物桌",学生在食堂吃剩的东西都必须装进包里带走,剩下的面包则可放在旁边的"剩物桌"上让其他人分享。

上面两则关于垃圾桶的新闻,让人在感叹外国人良好的节俭意识的同时,也不得不佩服他们别出心裁的节约举措。反观国内,为了提倡节约,很多企业绞尽脑汁出台节能制度,硬邦邦的框框条条而收效却是一般。究其原因,在当前人们节能意识普遍不高的情况下,节能对于平时已经大手大脚惯了的人无疑是增加了"麻烦"。

我们何不也逆向思维地给那些因"怕麻烦"而造成浪费的人制造

一些"麻烦"呢？让浪费变成更麻烦的事情，这样，长期的"被迫行为"慢慢地就会养成一种良好的习惯。

那人又不是你

某老板六十大寿，听说某画家擅长人物画，就请他为自己画幅肖像。

十天后交画，老板打开画轴一看，脸庞是工笔，极像，一袭长衫是大写意，寥寥数笔，又是青布。老板心有不悦，青布的，总显寒酸。但也不好说，因为事先并没要求画一件绸缎团花的。他就找碴子说脸庞不像，画不要了。

画家没跟他争，卷起轴头就走了。几天后圈内到处在传笑话："某人长尾巴了。"原来画家将此画拿回家后挂在厅堂里，并在人像上添了几笔，长衫下面拖了一条猫尾巴出来。来人一见，认识是那个老板的面孔，又看到了这根尾巴，于是大笑。

老板前去责问画家，画家悠悠地说："那人又不是你，急什么！"

老板没办法，出高价将此画买下，撕了。

十六个钟

爱迪生当上厂主不久，遇到一个令他颇感头痛的问题：每天快下班时，工人们就没心思干活了，不时盯着工厂的大钟看，等待下班时间的到来。

爱迪生对此很理解，没有任何责备，只是特地去订做了十六个大钟，分别安装在工厂四周的墙上，然而每个钟走的时间都不一样。如此一来，看钟下班的人便无所适从了，只能等待全厂统一的下班铃声。

恩　赐

　　从前有个波斯国王对自己的宰相不满，免了他的职，并任命了其他人。国王对宰相说："我赐你一座庄园，让你能生活安逸颐养天年。"宰相说："请不必再赐惠于我，如果陛下可怜我，那么就在国内找一座荒凉的小村赐我吧。"于是国王下令找几座荒凉的村落让他去居住。但听差跑遍全国找不到一处荒凉之地。只好禀报国王说："全国无一处没有开发之地，故无以可给。"被免职的宰相对国王说："陛下既然已经把国家交给另外的人管理，那么有一天，当你收回这个权力时，但愿他也能交还给陛下一个不存在荒凉之地的国家。"听完此话，国王内心愧疚，赐他荣誉龙袍，复命他为宰相。

白手起家

　　桥边的那幢小楼是某职业学校的房产，由于离本部太远，不好利用。小张便去找这幢房子的主人，他对校长说，自己想开设一个汽车销售员培训班，解决一批下岗人员，同时目前本市的销售队伍参差不齐，很需要规范和培训，市场很大，双方可以合办，利益共享，具体由他牵头。为便于工作，学校桥边的那幢小楼是否可以租给他，价格要优惠，可否先不付定金……

　　一切谈得很顺，小张又到汽车生产厂家，说他有一幢很不错的小楼，地理位置极佳，可以作为该厂的特约销售点，可以给厂家免费放样车；他还有一所学校，专门培训汽车销售人员，可以成为该厂的义务推销员，但条件是该厂提供给他的车子必须比其他销售点优惠10%，厂方一口答应了。

　　然后，小张又跑到市总工会，说他开了一所专门解决下岗工人再就业问题的学校,在他们学校结业的学生保证负责再就业,总工会是否有兴趣参与进来?总工会很感兴趣,说只要解决这些人的再就业,愿意每培训一人补贴一定费用,同时给予申请免税。

最后,小张跑到一家专门生产汽车轮胎的厂家,说了他的小楼、他的汽车销售中心、他的培训学校以及他所得到的市总工会的支持等。他说他可以让他的"黄埔"弟子全面推销他们生产的轮胎。厂长听了很兴奋,当即提出在他的小楼屋顶设置广告牌,每年至少投给他一百多万元的广告费。

小张的运作很顺利,一年以后他的公司已开得红红火火。

接着,他就准备发展IT产业,他准备为汽车销售搭建一个平台,让各种汽销信息通过网络进行传递。

诚　信

真实的魅力

　　1943年,第二次世界大战战事正酣,德国有一家人突然收到柏林海军部来电,沉痛地通知他们:他们的儿子沃纳为了"效忠元首、效忠祖国,已在海上壮烈捐躯了"。极度悲伤的父母亲决定在家中为儿子举行一个守灵仪式。就在仪式即将举行的前一天晚上,英国广播公司在德语新闻中广播了一份当时已落入英国人手中的被俘德国海军名单,名单里就有沃纳的名字。沃纳的父母如果取消这次守灵仪式,就等于公开承认自己偷听了英国广播公司的广播。而在当时,偷听伦敦的广播是要坐牢的。因而他们决定假戏真做,守灵仪式照常进行。

　　亲友们陆续登门,他们都瞅准机会将这两位失去儿子的父母拉到一边,以各种语言暗示他们,他们的儿子并没有死。原来亲友们昨天晚上都偷听了伦敦的广播。

　　英国广播公司的广播为什么能赢得敌对国人民的信任?这可以从该公司成立五十周年之际,著名播音员弗朗西斯·伦图尔的一番话找到答案。他以第二次世界大战为例:"十四架德国轰炸机被击落,而经过证实——即使在播发过程中——却发现实际被击落的只有十一架,我们就立即更正原先广播中公布的数字。在战争开始的头两年里,对英国来说,几乎都是坏消息。英国广播公司在播发那些坏消息时,从未想过去遮掩、粉饰它们。大致在1943年以及此后的一段时期内,敌占区的人民已逐步地相信英国广播公司讲的都是真话。"

这就是真实的魅力。

一盎斯忠诚等于一磅智慧

美国著名银行家克拉斯特别信奉一句话——一盎斯忠诚等于一磅智慧。他说自己的亲身经历很好地验证了这句话。年轻时,他是个不安分的小伙子,不断在变动工作。他曾经做过交易所的职员、木料公司的统计员、簿记员、收账员、折扣计算员、簿记主任、出纳员、收银员等,试了一样又一样,但是,始终没有找到"适合自己"的工作。最后他意识到,再这样挑剔下去终将一事无成。于是他进了一家银行当职员,踏踏实实地朝着自己的理想——"管理一家大银行"的目标前进。

如今克拉斯功成名就。他说,一个人可以通过不同的路径到达自己的目的地,但坚持走一条路是最好的选择。对你的公司忠诚,就是对自己忠诚。能在一个机构里学到自己所需的一切学识和经验,这是最经济的职业人生。我们必须弄明白自己想做什么,为什么要这样做。

不要仅仅为了每周多赚几十美元就抛弃你的公司、抛弃你的老板、抛弃你的同事,这样做是得不偿失的。

强大在内心

2006年5月,哈佛大学研究生院学生会主席竞选进入了白热化阶段。中国女孩朱成成为备受关注的一匹黑马。朱成一共有三个主要竞争对手,分别是哈恩、吉米克和隆德里格斯。

由于竞争激烈,大家各显神通。首先,隆德里格斯出人意料地曝出了哈恩和吉米克的丑闻,说他们的家庭和人品有问题。

不久,隆德里格斯曝出了朱成的丑闻,说她以救助南非孤儿为名,侵吞了大量捐款,而那个孤儿却依然流浪街头。

这个谣言让朱成受到了很多同学的质疑。为了证明自己的清白,朱成在学校召开了新闻发布会,把那个四岁的南非女孩抱到了学校,并且出具了她生活得非常幸福的证明。

哈恩和吉米克趁大家怀疑隆德里格斯的时候,又曝光了一段录像带。那是隆德里格斯在一家中国超市里被警察询问的录像。他们说,隆德里格斯因为偷窃而被人抓到,有这样行为和污点的人,哈佛怎么能够容忍他成为学生会主席?

2006年5月11日是整个竞选中最重要的一天,四个竞选者一起召开了新闻发布会。朱成走上台,说:"同学们,今天我想先告诉大家一件事情,就是关于隆德里格斯在超市行窃的事。"

朱成说:"我认识那家中国超市的老板。我到他那里去过,问明了整个事情的经过。事实上,隆德里格斯并不是因为行窃,他是因为帮助老板抓到了小偷而被警察询问情况的!"

瞬时,整个发布会现场哗然了,隆德里格斯不可思议地抬头看了看朱成。

在最后投票的前十五分钟,隆德里格斯在广播里宣布了自己退出的消息,并且号召自己的支持者把票投给朱成。他说,他无法做到朱成那样的真诚与宽容,他已经输了……

2006年6月8日,朱成力挫群雄,成为哈佛第一任华人学生会主席。

那些投票给她的同学们说,他们相信,只有内心真正强大的人,才会追求公平和公正。

诚实的噪声

麦道飞机制造公司的前身道格拉斯公司是由唐纳德·道格拉斯

于1921年创建的,开始时主要生产运输机和军用飞机。但二战后期,唐纳德开始考虑开发大型民航客机的市场。当时他很想得到东方航空的一批订单,但以民航客机为主打的波音公司也盯上了这块肥肉,竞争可想而知。

道格拉斯公司提出的DC-8s型客机的设计方案和波音公司的方案,无论投资还是品质都旗鼓相当,但唯一的缺点是DC-8s的噪声指数偏高。那时候,东方航空公司主席埃迪对道格拉斯生产的战斗机颇有好感,因此私下对唐纳德说:"我给你最后一次机会,你把计划书拿回去改一改,如果能保证噪声指数比波音低,我就选道格拉斯公司。"

唐纳德跟工程师们连夜开会,研究改进方案,但最后大家一致认为以道格拉斯目前的技术水平,没办法把噪声降得更低。第二天,唐纳德找到埃迪,把研究结果一五一十地告诉了他。听了唐纳德的话,埃迪一点儿也不惊讶,"我知道你们做不到,我只是想看看道格拉斯公司诚不诚实。这1.35亿的订单是你们的了!"

诚信胜过生命

16世纪末,有一个名叫巴伦支的荷兰人,他是一名商人,也是一个船长。为了避开激烈的海上贸易竞争,他带领十七名船员出航,试图从荷兰往北开辟一条新的到达亚洲的航线。他们经过三文雅(现在俄罗斯的一个岛屿,地处北极圈之内)的一天清晨,突然发现自己的船航行在海面的浮冰里,这时他们才意识到被冰封的危险迫在眉睫。然而一切为时已晚,经过艰苦的努力之后,最终他们仍然不得不放弃返航的努力,把船停泊在岛屿旁边。

北极圈是地球上最寒冷的区域之一。冬季漫长而残酷。冰冷刺骨的大风和常见的暴风雪异常凶猛,毫无羁绊。没有人类生存的三文雅岛上常常覆盖着十至十二英尺的雪,厚厚的积雪被零下40℃至零下

50℃的严寒冻结,变得像花岗岩一样坚硬。巴伦支船长和十七名荷兰水手在这孤立无援的条件下度过了八个月的漫长苦寒的冬季。

他们拆掉甲板做燃料,靠打猎来取得勉强维持生存的衣服和食物。在恶劣的险境中,八个人去世了。但巴伦支船长和剩下的水手却丝毫未动别人委托给他们的货物,而这些货物中就有可以挽救他们生命的衣物和药品。

冬去春来,幸存的巴伦支船长和九名水手终于把货物几乎完好无损地带回荷兰,送到委托人手中。他们的做法震动了整个欧洲,也为国家赢得了海运贸易的世界市场。

巴伦支船长和他的十七名水手用生命作代价,守望信念。这一传之后世的经商法则就是:诚信比生命更重要。

谁继承王位

膝下空空的老国王想收一位义子当继承人。众多孩子来应选。挑选的标准很特别:给每个孩子发一些花种,如果谁用这种子培育出最美丽的花朵,就有可能成为继承人。

国王定下的观花日到了。许多衣着漂亮的孩子捧着盛开鲜花的花盆,用期待的目光等着国王巡视。国王环视一切,没有笑容。他走到一个叫雄日的孩子身边,发现他的花盆里没有花,就问:"为什么端着空花盆?"雄日抽泣着告诉国王自己栽花的过程,并说一定是因为有一次我偷吃了人家的苹果遭到了报应。国王将雄日抱在怀里,说:"孩子,我找的就是你。"原来国王发给大家的种子都是用开水煮过的。

为何不录用资历最佳者

有一次,缅因州州长打电话给李昌钰,该州的刑事鉴识室主任一职出缺，他想请李做主考官，主持应征者的口试。李昌钰欣然同意了。谁知在口试前一天，美东地区发生大风雪，地面积雪五英尺厚，许多道路都被封闭。太太劝李昌钰取消行程，因为天气如此恶劣，应征者都不可能出席。

但是李昌钰说，他答应过的事情，就一定要办到。他们花了十几个小时才抵达缅因州。面试定在上午九点开始。当李昌钰准时出现时，州长和其他主管都大吃一惊，他们原以为他一定不会来了。

不出所料，当天早上没有一位应征者出现。到了下午，有一位应征者赶到，他提前一天出发，但是由于道路堵塞而迟到了。他的资历与其他人相比虽不是最好的，但是李昌钰认为他能冒着大风雪赶来应征，答应过的事情不管有多困难都努力去完成，精神十分可嘉，便建议州长录用他。州长马上同意了李昌钰的建议。

信誉是刑事鉴识这一行最珍贵的资产。如果没有好的信誉，社会大众将不会相信刑事鉴识的结果。

持之以恒

李锂的创富逻辑

李锂、李坦夫妇是身家426.29亿的中国首富。

李锂的专注和坚持让人叹服：过去二十五年就做了一件事。他说，他会做的就只有肝素钠。成为首富后，他每天还是准点到实验室和车间。他说："我吃饭还是吃那么多，该工作就工作，该睡觉就睡觉。"

李锂1988年在成都肉联厂下属成都生化制药研究所时的同事徐枫岩教授说："肉联厂里常年恶臭，但他不介意，低头忙研究。他不浮夸，很低调，虽不善言谈但思维敏锐。"

他们夫妇俩写给母校川大的信中有几句话颇有分量：

"古往今来我们民族都崇信：'天下物质财富均源于实物生产以及由此形成的良知良能。'""立志要早，入业要早，笨鸟先飞，目标始终如一，越跋涉越攀登，视野就会越开阔。苦心孤诣、另辟蹊径、厚积薄发，一步领先，方能步步领先。"

毅　力

一位世界著名的推销大师在城中最大的体育馆做告别职业生涯的演说。

那天，全球有五千名保险界的精英来参加他的职业生涯告别会，会场座无虚席，人们在急切地等待着这位伟大推销员的精彩演讲。大幕徐徐拉开，舞台的正中央吊着一个巨大的铁球。

主持人对观众说："请两位身强力壮的人到台上来。"转眼间已有两名动作快的年轻人跑到台上。

推销大师这时开口了："请你们用这个大铁锤去敲打那个吊着的铁球，直到把它荡起来。"

一个年轻人拉开架势，抡起大锤，全力向那吊着的铁球砸去，但一声震耳的响声后，那铁球却纹丝不动。他接着用大铁锤不断砸向铁球，铁球还是不动。很快他就气喘吁吁了。另一个人也不示弱，接过大铁锤把铁球砸得叮当响，可是铁球仍旧一动不动。

这时，这位大师从上衣口袋里掏出一个小锤，对着铁球"咚"地敲了一下，停顿一下，再用小锤"咚"地敲了一下。人们奇怪地看着，大师就这样自顾自地不断敲下去。十分钟过去了，二十分钟过去了，会场开始骚动，陆续有人离场而去。

这位大师却不闻不问，只管一锤一锤地敲打着，大概在进行到四十分钟的时候，坐在前面的一个妇女突然尖叫一声："球动了！"接着铁球在大师一锤一锤的敲打中越荡越高，它拉动着那个铁架子"哐哐"作响，它的巨大威力强烈地震撼着在场的每一个人。

大师开口讲话了："每天进步一点点，成功的经验就是简单的事情重复做，在人生道路上，如果你没有耐心去等待成功的到来，那么，你只好用一生的耐心去面对失败。"

微软招"笨人"

微软中国分公司在招聘员工时，出了一道这样的考题：有十二个外观相同的小球，但其中的一个质量与其他十一个不同，如果只给你三次测试机会,你怎样才能挑出这个球。附加条件是:必须在三十分钟内完成。

绝大多数应聘者费尽了周折,在三十分钟内也没琢磨出什么结果,只能遗憾地离开。

三十分钟之后,有一个青年依旧在考场里苦思冥想,久久不肯离开。几个钟头后,青年依旧坐在那儿做着实验。考官发现后问,我们都吃过饭了,你怎么还坐在那?有结果了吗?青年摇头。

最终,这个青年被公司录用。理由是:他的智力和能力肯定都不够出色,但毅力可嘉;一个成功的企业想可持续地发展,除了创新意识和聪明才智外,更需要持之以恒的毅力,而这个青年身上体现的正是这种精神。

每天都做一点点

天色昏暗,几名游客驱车行驶在山中一条铺满松针的小道上,越往前走,山中的景色愈加荒凉。突然,在转了一个弯后,他们一下子震惊得喘不过气来。

就在眼前,就在山顶,就在沟壑和树林之间,有好大的一片水仙花。各色各样的水仙花怒放着,从象牙般的淡黄到柠檬般的嫩黄,漫山遍野地燃烧着,像一块美丽的地毯,一块燃烧着的地毯。

在这令人迷醉的黄色正中,是一片紫色的风信子,如瀑布倾泻其中;一条小径穿越花海,小径两旁是成排珊瑚色的郁金香。

是谁创造了这么美丽的景色?是谁创造了这样一座美丽的花园?在这个荒无人烟的地带,这座花园是怎样建成的?无数的问号在游客的脑海里跳跃,他们下车走入园中。

在花园的中心,有一栋小木屋,上面有一行字:我知道您要什么,这儿是给您的回答。第一个回答是:一个妇人——两只手、两只脚和一点看法；第二个回答是：一点点时间；第三个回答是：开始于1958年。

面对简洁的文字，游客们默默无语。一个平凡的妇人，凭借四十年间一点点、不停的努力，竟然创造出一个美丽的奇迹，而这个世界也因为她的努力变得更加美丽。

三个人的殊荣

钱卓拉塞卡尔教授是美国著名的天文学家。芝加哥大学开办了天文物理班，邀请钱卓拉塞卡尔教授来授课。

天文物理班最初有几十名学生，大家对这方面很感兴趣，都想了解一下天体的情况。可当真正进入学习时，他们却感到枯燥无味了，便一一退班，天文物理班很快就只剩下两名学生。

然而，这位教授却始终坚持把这门只有两个学生的课程继续教下去。

谁也没想到，几年后，这两名学生先后获得了物理学界的最高荣誉——诺贝尔奖。在1985年，这个奖项也授予了教授。

钱卓拉塞卡尔的获奖，并不是上天意外的恩赐，而是他的坚持与尽心尽力。

金霉素与四环素的产生

在美国威斯康星大学有这样一条规定：教授年满七十岁便要被强迫退休。

1943年，该校的植物学教授德格博士正好七十岁，他不得不对他所留恋的一切说再见。德格心中一直深藏着一个梦想，那就是研制出一种特效药，来拯救那些被病魔所折磨的人们。

不久后，德格就到了雷德里化验所承办的制药厂工作。那时，人们都认为减轻及治疗多种传染病的灵丹妙药藏匿于泥土之中。化验室中有六千个小抽屉，每个抽屉中都盛装着来自世界各地的泥土。德格将一撮撮泥土样品放在实验瓶里，在精心培育下使之长霉，再做无数次的试验，从长出的霉菌分离出对病毒有作用的物质。

六千份泥土样品至少要做三千六百次试验，德格每天都重复着这种单调的工作。三年过去了，他一无所获。但他仍然没有放弃希望，七十三岁的他已白发苍苍。有一天，他看见一个实验瓶里生长出一种金色的霉菌，通过多次试验，他终于从中分离出一种抗生素——它可以控制五十余种严重病症，这就是著名的金霉素。此后不久，德格又分离出了另一种广效抗生素——四环素。

德格活到八十四岁，他救活的人比世界上所有的医生加起来还要多。

纸篓与画展

有两个爱画画的孩子。第一个孩子的妈妈给儿子准备了一叠纸、一捆笔，还有一面墙。她告诉他："你的每一张画都要贴在墙上，给所有来我们家的客人欣赏。"第二个孩子的妈妈给儿子拿来一叠纸、一捆笔，还有一个纸篓。她告诉他："你的每一张画都要扔在这个纸篓里，无论你自己对它满意还是不满意。"

三年以后，第一个孩子举办了画展——色彩鲜亮，构思完整，赢得了人们的赞赏，他越来越沉溺于这种成功的喜悦中。第二个孩子没法办展览，因为他的画都扔进了纸篓，满了就倒掉，人们只能看到他手里尚未完成的那张画。

又过了五年，第一个孩子的画没有什么大的长进，而第二个孩子的画却横空出世，震惊了画坛。慢慢的，第一个孩子把那些无人问津的画揭下来扔进了纸篓,而第二个孩子开始办画展了——他已经成了一位知名画家。

成功,是时间的积累;灵感,是长期酝酿的爆发。那些一举成名的故事的背后,都有一个长期积累的过程,一次大的成功,往往是许多已有的、常常为肉眼所看不见的小的成功所积累的结果。微不足道的成功慢慢聚合,便可以成为巨大的成功。对待事业,除无比热爱外,有一颗执着的心往往更为重要。

不要直起腰

很多人询问作家刘震云"高产"的秘诀,他笑了笑,讲了祖母的故事。

刘震云的祖母年轻时身体并不强壮,身高只有一米五十几。可每到农忙季节,她一直是东家们抢夺的短工。有一次,她与当地最强壮的男劳力一起下地割麦子,三里长的一垄麦子,她割完了,男人才割了不到一半。刘震云很好奇,他问祖母有什么秘诀?祖母笑了笑,回答简单而质朴:"下地之前,我就深吸一口气,对自己说一直割到底,中间不要直起腰来。因为如果直了一次,歇了一次,就会有第二次、第三次。"

自此,祖母在地里被漫无边际的麦田掩盖的情景,深深地印刻在刘震云的心里,影响了他的一生。他说:"我一直以祖母为榜样,在干活时尽量不直起腰来,要干就要干到底。只有这样,我才能取得一点成就,才能进北大,才能混迹于文艺圈。"

打破常规

坚固的流沙

河南上蔡有座古墓,建造于春秋时代。2005年考古工作者发掘时发现,古墓上被挖开了大大小小十七个洞,说明不知有多少盗墓者光顾过。从洞里的器皿、古钱币、矿泉水瓶等遗留物考证,最早的盗墓者来自战国时代,最近的来自现代。他们都半途而废,无功而返。因为,考古工作者打开古墓之后发现,里面的藏品大都保存完好。

难道这座古墓有什么特别的防盗措施吗?其实,在建造方法上与其他古墓没什么两样,不同的是,其他墓穴砌筑完后都是用土回填,而这座墓穴是用沙回填。十七米深的墓穴,上面回填了十一米深的细沙,表层再填土封盖。细沙里放置了一千多块形状各异、大小不同的尖利石块。它被后人称为"流沙墓",这就是它防盗的秘密。

细沙的流动性很强,当盗墓者挖洞时,旁边的细沙会向洞里流动,掩埋掉刚挖好的洞。当挖得很深时,极易造成塌方。更可怕的是藏在细沙里的石头,随着垮塌的沙子坠落,成了打击盗墓者的武器。

在盗墓者眼里,再坚硬的古墓都不在话下,唯独这座古墓,面对散软的黄沙,他们竟束手无策。

我们的思维,有时候需要像石头一样坚硬,有时候需要像流沙一样松软。许多情况下,打破常规,反其道而行之,能收到意想不到的效果,松软的流沙也能变得比岩石还坚固。

出口并不总在光亮处

在可口可乐的培训部,经常能够听到这样一个故事。

如果把六只蜜蜂和同样数量的苍蝇装进同一个玻璃瓶中,然后将瓶子敞口横放,让瓶底朝着窗户,此时的结果便是,蜜蜂不停地想在瓶底寻找出口,直到它们力竭倒毙;而苍蝇则会在不到两分钟之内,穿过另一端的瓶颈逃逸。究其原因,或许是因为蜜蜂以为"囚室"的出口必然在光线最明亮的地方,所以它们才不停地重复着这种合乎逻辑的举动;而那些看似"愚蠢"的苍蝇则对事物的逻辑毫不在意,全然不顾亮光的吸引,四下乱飞,结果误打误撞反而碰上了好运气。

讲这个故事只是想说明,头脑简单的人往往会在智者消亡的地方顺利得救。可口可乐公司明确意识到,最重要的事情就是当每个人都遵循规则时,创造力便会窒息。这里的规则也就是瓶中蜜蜂所坚守的"逻辑",而坚守的结局可能就是死亡。

随机应变

一家旅馆招聘服务员,来应聘的人很多,老板想考考他们,出的考题是:有一天当你走进客人的房间,你发现一女客人正在换衣服,你该怎么办?

众人都抢着回答,有的说:"对不起,小姐,我不是故意的。"有的说:"小姐,我什么都没看见。"老板听了不停地摇头。这时,一个小伙子说:"对不起,先生!"

结果他被录用了。

发挥优势

反说木桶原理

一只木桶盛水的多少,取决于最短的那块。人们看到短板效应时,往往忽略长板效应。不论从企业管理还是从个人成长来说,劣势会给整体带来负面的影响,但优势同样会对整体产生正面的作用。

按照短板理论,我们要不断找寻短板,并把它加长。这样做,你从整体上会越来越"完美",但也一定会越来越"平庸",只能少出错,但不能卓越。因为一个企业、一个人要想完全克服最薄弱的环节很难,一根链条总有最弱的环节。

伟大的公司,杰出的人物,一定是在某一方面出类拔萃。他们的短处人皆见之,甚至他们自己都不讳言,但这并不能掩盖他们业绩的辉煌。乔布斯是完人吗?苹果公司面面俱到了吗?他们只是把产品做到极致,就一切都有了。我们为什么没有苹果?因为我们总是追求样样不落人后,努力活在别人描绘的理想模式之中。

方向不等于能力

钓　竿

有个老人在河边钓鱼,一个小孩走过去看他钓鱼,老人技巧纯熟,没多久就钓上了满篓的鱼。老人见小孩很可爱,就要把整篓的鱼送给他,小孩摇摇头。老人惊异地问道:"你为何不要?"

小孩回答:"我想要你手中的钓竿。"老人问:"你要钓竿做什么?"小孩说:"这篓鱼没多久就吃完了,要是我有钓竿,我就可以自己钓,一辈子也吃不完。"

你一定会说:好聪明的小孩。错了,他如果只要钓竿,那他一条鱼也吃不到。因为,他不懂钓鱼的技巧,光有鱼竿是没用的,因为钓鱼重要的不在"钓竿",而在"钓技"。有太多人认为自己拥有了人生道路上的钓竿,再也无惧于路上的风雨,如此,难免会跌倒于泥泞地上。就如小孩看老人,以为只要有钓竿就有吃不完的鱼;又如职员看老板,以为只要坐在办公室,就会财源滚滚。

路与方向

几个大学生结伴登山,天气突然变坏,却找不到路出山,所幸警察、驻军联合搜救,才免于山难。

"我们知道方向！"其中一个大学生躺在担架上对搜救者说，似乎觉得很不服气。

"只知道方向有什么用？"搜救者不客气地说，"方向固然可以帮你找路，但并不等于路。方向告诉你该往西走，偏偏西边遇到山谷，你下不去；方向又指示你往北走，偏偏遇到一条河，你又无法渡过。到头来，方向没有错，路错了，唯有活活冻死饿死在山里。"

在人生的旅途上，以为设定方向就能达到目标，却不衡量自己的能力，极可能遭到失败的命运。

防止激励过敏

迷失的激励

1947年，当死海的卷轴被发现时，考古学家们悬赏收集每一张新发现的羊皮纸手稿。结果，为了增加手稿数量，那些羊皮纸被撕碎了。同样的事也发生在十九世纪的中国，当悬赏征购恐龙骨时，农民们会将挖出的完好恐龙骨砸碎，再去领赏。

一家企业的董事会向管理层承诺，一旦实现一个目标就颁发一份特殊津贴。结果如何呢？经理们将更多的精力用来商定尽量多的目标，而不是思考如何让企业赚钱。

这是激励过敏倾向的例子。它先是说明了一个平庸的事实：人们会对激励机制做出反应。这不奇怪。令人吃惊的是两个次要方面：第一，一旦有激励加入游戏或改变了激励，人们就会迅速而剧烈地改变自己的行为；第二，人们是对激励做出反应，而不是对激励背后的目的做出反应。

按实际开销付钱给律师、建筑师、咨询师、会计师或驾校老师是愚蠢的。这些人受到激励，就会尽可能多花钱。因此请你事先约定一个固定价格。专科医生总想尽可能全面地为你治疗和动手术——即使没那个必要。投资顾问乐于向你"推荐"任何金融产品，因为他们会得到一份销售佣金。

请小心激励过敏倾向。如果你对某个人或某个组织的行为感到吃惊时，请你想想，那后面隐藏着什么激励机制。

付诸行动

英雄与门

　　有一个青年人经过三个月的跋山涉水,终于找到了日思夜想的智者——在深山里的一间小木屋里。

　　青年人走上前去敲门:"我不远万里而来,就是想弄明白一个问题:怎样才能成为真正的英雄?"智者在屋里面说:"现在晚了,你明天再来吧!"

　　第二天一早,青年人又去敲门。智者说:"现在太早了,我还没到起床的时候,你明天再来吧!"

　　第三天一早,青年人又去敲门。智者说:"现在你来得太迟了,我要去晨运,你明天再来吧!"

　　青年人第六次去敲智者的门时,智者又说:"我要休息了,你明天再来吧!"

　　青年人怒从心起,大声说:"每次你都这样推三推四,我何时才能成为真正的英雄?"青年人说完踢开了智者的门,直冲进屋里去。

　　智者笑眯眯地看着怒发冲冠的青年人,说:"我等了六天,就等你是否敢打开我的门。要成为真正的英雄,首先要敢于打破和自己隔开的种种门,世间万物就藏于一门之隔。今天你的举动,足以证明你向英雄迈进了第一步。"

成功不在能知在能行

美国一家网站调查了一千位成功人士。这些成功人士中，有99%说不清楚自己为什么能成功；在成功之前，也没有一套完整的走向成功的计划书。

接着，那家网站又向公众征集一千份最完美的成功计划书，其中包括如何成为一位伟大的科学家或作家、如何成为一位成功的企业家或商人、如何成为一位超级体育明星或影视明星等。经过层层筛选，一千份最完美的成功计划书经专家们反复讨论后终于评选出来了。之所以说这些计划书完美，不仅因为它们极具诱惑力，而且具有可操作性，它们详尽列出每小时应该做的事情，每天应该做的事情，每年应该做的事情，具体到每天休息多少个小时、工作多少个小时，还列出了启动资金和最终成功所需的费用。

这一千份完美的成功计划书，让人看后就会产生想实现梦想的冲动，并且坚信自己能够成功。随后，网站又对这一千份完美计划书的拟订者进行了采访。结果发现，在现实中，这一千个人全是未成功人士，或者说正在努力追求实现梦想，但还未成功的人。

最后，网站得出结论：人生伟业的建立，不在能知，乃在能行。

快点"站起来"

在一次促销会上，美国某公司的经理请与会者站起来，看看自己的座椅下有什么东西。结果每个人都在自己的座椅下发现了钱，最少的捡到一枚硬币，最多的拿到一百美元。这位经理说："这些钱全归你们了，但你们知道，这是为什么吗？"没有人能够猜出这是为什么。最后经理一字一顿地道出了个中缘由。

他说，我不过想告诉你们一个最容易被大家忽视甚至忘掉的道理：坐着不动是永远也赚不到钱的。

这是一个多么简单而又深刻的道理啊！

好的机缘绝不会亲自去登门拜访"坐着不动"的人。他们只能注定永远与成功擦身而过，永远徘徊于低谷之间。

真正的人才

马歇尔在加利福尼亚大学洛杉矶分校就学的时候，同许多攻读博士学位的学生一样，对自己的聪明才智以及对社会状况的深刻洞察力充满了自信，并引以为豪。

弗瑞德·凯斯博士既是马歇尔的论文指导教师，也是马歇尔的老板。马歇尔的论文主要内容均涉及洛杉矶市政的咨询项目，这是马歇尔走向咨询行业的第一步。那时，马歇尔的导师不仅是加利福尼亚大学洛杉矶分校的一名教授，还是洛杉矶城市规划委员会的领导者。

尽管凯斯导师生性乐观开朗，但这天他看起来非常气恼。"马歇尔，你到底怎么回事？"他严厉地责备道，"市政厅的一些人常对我说，你在那里似乎很消极，易发怒，好评判，这究竟是怎么回事？"

"教授，你根本想不到，市政府的效率是多么低下，发展目标也存在着严重问题。"马歇尔愤愤不平地对他的导师说道，"那里存在的毛病实在太多了。"

"多么了不起的一个大发现！"凯斯导师揶揄道，"但我还是要很不情愿地告诉你，马歇尔，街边角落的那个理发师早在几年前就告诉过我这一点。你还有别的什么让你烦恼的事情吗？"

凯斯导师的讥讽并没有吓倒马歇尔，他继续愤慨地指出，市政府的许多举措，都明显地偏袒那些曾经慷慨捐助的富人。这一次，凯斯导师笑了起来。"第二个重大发现！"他说道，"你的评判能力的确很高,你的眼光也非常锐利。但是,我不得不遗憾地再次告诉你,那个理发师也早就发现这一点了。"

导师注视着马歇尔,脸上呈现出经历丰富的人才会具备的睿智神情:"请你允许我以一个过来人的身份说一下我的看法。我认为,你现在的言行,对将来有可能成为你的客户的人绝不会有丝毫帮助,对我、对你自己也没有什么帮助。现在,我可以给你提供两种选择:A.继续你的愤慨,你的消极,你的评判。如果你打算选择这一项,我会解除你在市政厅的工作,而且,你永远也别想在我这里拿到博士学位。B.做一个能不断提出建设性的且具可行性的意见和方法的咨询家,而不是评判家,让事情因为有你而变得越来越美好。你选择哪一个呢?"

马歇尔从凯斯导师那里学到了一生中最重要的一课:真正的人才,不是能够评判是非、指出对错的人,因为几乎每一个人都能做到这一点;真正的人才,是能够让事情变得更好的人。

好的生活没那么贵

关于钱这东西究竟有多重要,或许每个人都有一肚子的话要说。我曾经收到一封大学生的来信,大致意思是说他有一个很好的创业计划,但苦于得不到资金,迟迟无法付诸实践。他希望能找到某位有钱的大人物,给自己投资一百万元——在他的逻辑里,钱是实现理想的前提。

当然也有人不这么看,比如一个叫做乔小刀的家伙。刚到北京的时候,每天下班之后,他会骑着三十元买来的旧自行车去书店,到设计类书架前翻阅。看得多了,他发现装置艺术和抽象艺术与自己每天做的焊接工作很相似——如果一些零件摆在面前,不按既定的工艺焊接,而是按照自己的想法组合,一件前卫的作品不就出来了吗?后来,他用了五百元钱和一个月的时间,完成了八十件作品,还非常成功地举办了一次小型个人作品展。这些作品的素材包括：被人扔掉的旧拖布、被砸扁的油灯、餐馆里扔掉的鸡头、从地里挖出来的烂木头等等，甚至他还用破打字机里的零件和熨斗，拼装成一件可以敲击的乐器。

他说，只要向生活弯腰，就能捡拾风景。

多年之后，乔小刀在很多场合都会这样鼓励年轻人：有想法就去做，试着去做。对他来说，不断冒出新的创意，并且不断试着把这些点子付诸实施，这就是最好的生活体验。

好的生活，真的没有那么贵。

敢于冒险和挑战

冒险是一种智慧

摄像机刚刚问世不久,美国有个叫杰克的人买了一台,想做摄像服务生意。但当时拥有放像机的家庭寥寥无几,因此,他几乎无生意可做。

一天,他从幼儿园门前经过,院子里一群载歌载舞、活泼可爱的孩子使他骤然灵感迸发。他转身跑回家里,扛出摄像机,连续为十几家幼儿园的小朋友免费摄像,并编号存档。他还给每位小朋友发了一张自己的照片,背面留下了通信地址。

十几年过去了,当年幼儿园的小朋友都已长大成人,他们家中也都添置了摄像机和放像机。但是,美好的童年是无法追回的。这时杰克开始出售当年拍的那些录像带,价格自然不菲,但购者踊跃,因为人们都渴望重温儿时的美好时光。毫无疑问,他因此赚了一大笔钱。

其实,成功就是这样的,如果你能一马当先,哪怕只比别人先行半步,你就会成为最终的赢家。生活中有很多聪明之人,他们的一生之所以远离成功,就是因为缺少先行一步的勇气。先行一步,也许是冒险,但冒险是一种智慧,一种成功的契机。

"流言终结者"火十年绝非偶然

健怡可乐和曼妥思糖混合下肚,会让胃爆炸吗?将手指放入枪口,会导致"逆火"吗?美国探索频道的"流言终结者"节目用科学测试告诉你:不会!

卡梅隆导演认输

电影《泰坦尼克号》的粉丝们肯定还记得,巨轮倾覆后,杰克泡在冰冷的海水里,而露丝趴在一扇门板上。电影播出后就引来质疑:露丝为什么不让杰克也待在门板上,反而眼睁睁地看着他被活活冻死?该片导演詹姆斯·卡梅隆说,这块木板的浮力不足以支撑两个人。但"流言终结者"不会只听他的一面之词。

这个节目的主持人海尼曼和萨维奇在测试中发现,杰克泡在冰冷的海水里超过一小时,就会因为体温过低而死。他俩煞费苦心,想看看杰克能不能也爬上门板。

他们用假人模仿杰克,假人的体温设在37摄氏度。假人在木板上待一小时后,体温保持在28摄氏度。历史文献显示,泰坦尼克号上最后一批获救的人,在水上待了45分钟。就是说,如果杰克不泡在海水里,他根本不会死。

接下来,"流言终结者"的系列测试证明,如果露丝脱下自己的救生衣放在门板下,门板就能产生足够的浮力,支撑露丝和杰克。

在"流言终结者"进行这些测试前,卡梅隆相信,杰克必死无疑。测试结束后,卡梅隆不得不解释说,杰克的死完全是剧情的需要。

奥巴马为它出镜

"流言终结者"在全世界有很多拥趸,美国总统奥巴马也是它的粉丝，甚至为它出镜。而这要从有关古希腊科学家阿基米德的一个传说说起。

公元前213年的一天，罗马执政官马塞卢斯率领由六十艘战船组成的舰队，攻打西西里岛上的叙拉古城。阿基米德用智慧迎战，让士兵们用镜子将阳光反射到一艘敌船上，这艘船很快被引燃，接着是第二艘、第三艘……惊骇之下，马塞卢斯不得不下令撤军。

2006年，"流言终结者"对这个传说进行测试。节目组组织了麻省理工学院的三百名学生，让他们每人手持一面镜子反射阳光，照射木船。结果显示，木船虽然有烧焦的痕迹，但始终无法被引燃。

有粉丝质疑：如果有更多的镜子，能引燃木船吗？美国总统奥巴马就是一位发出质疑的粉丝，"流言终结者"决定重新测试。

2010年，海尼曼和萨维奇被请到白宫，奥巴马亲自出镜，参与节目录制，挑战之前的测试结果。在2010年12月8日播出的"流言终结者"中，萨维奇和海尼曼组织了五百名麻省理工学院的学生，让他们将镜子对准海上的船，但无论他们怎样反射阳光，都无法使船着火。

"倾情演出"的代价

"流言终结者"的每一集时长四十三分钟至四十四分钟，以实证的态度、科学的方法，发掘流言背后的真相。截至2012年，"流言终结者"播出十季共两百三十一集，进行了两千多次测试，击破或证实了八百多个传言。

"倾情演出"有时要付出代价：饮酒后被扇耳光，是否能迅速令人清醒？萨维奇证实了这一点。但事后他承认，被打的滋味很难受。为了测试"行军踏断索桥"的流言，萨维奇在制作索桥时手臂被划了一个大口子。萨维奇说，过去这些年的拍摄中，他至少有过三次生命危险。

据《华盛顿邮报》报道,2011年12月6日下午,"流言终结者"在加州阿拉梅达县的靶场内拍摄,在发射炮弹时出现技术错误,损毁了两座民居和一辆车,幸好无人受伤。次日,萨维奇和海尼曼向当地居民表达了歉意。

观 察

把压力化作动力

　　八十年前,当时的水壶盖上还没有小孔。每当水快烧开时,总会发出很大的响声。那时,日本横滨市的富安宏雄正不幸染上肺病,长期躺在床上。因经商失败,加之老胃痛复发,更是让他的病情雪上加霜。他感到自己的人生就快完了,对什么都有些心灰意冷。

　　这天,因为没开水了,富安宏雄就把火炉提到床边,躺到床上静静地等水烧开。水温近80℃时,茶壶盖子上迸出的水汽迎面扑来并发出"喀哒喀哒"的响声。真是水壶也跟自己过不去。富安宏雄忍无可忍,拿起放在枕头边的锥子,用力向水壶投掷过去。锥子刺中了水壶盖子。

　　奇怪的是,这样一刺,那"喀哒喀哒"的巨大响声居然没有了,水温依然在升高,却反而变得无声无息。突然间,富安宏雄眼前一亮,一个巨大的商机进入了他的脑海中。

　　此时,他忘记了病魔缠身,溜下床来。他仔细地检查了那个小孔,发现了水声不再轰鸣的奥秘:有了这个小孔,气压不足,自然不再轰鸣了!于是,富安宏雄生命的希望又再度复生了。

　　富安宏雄拖着病躯奔走了一个月,他的创意终于得见天日。明治制壶公司以两千日元买下了这个创意。当时的两千日元,约等于现在的一亿日元。

把阳光加入想象

  美国青年罗尔斯大学毕业后,开始为找工作四处奔波。但很长一段时间,罗尔斯并没有找到需要自己的职位。不久,罗尔斯的朋友邀请他一起去夏威夷旅行。一天,沐浴在夏威夷海滩阳光下的罗尔斯注意到,海滩上的人们在用手机聊天时,又顶着太阳跑回停车场。罗尔斯从游客的抱怨中找到了答案:"该死的手机又没电了!"手机突然断电,竟打断了一些游客的开心之旅,这引起了罗尔斯的思考。如果有一种能在海滩上充电的充电器,这个问题不就解决了吗?

  罗尔斯极度痴迷太阳能。此时,夏威夷海滨的阳光让他忽有所悟:"为何不去利用这取之不尽的太阳能呢?"接下来,罗尔斯在网上购买了一款太阳能充电器并把它缝到了背包上。当他把这种太阳能背包拿到一个旅行网站上出售时,竟吸引了许多购买者。2005年,罗尔斯创立了罗尔斯设计公司,生产销售自己生产的"瑞特"牌太阳能背包。

  谁也不敢相信,一个为找工作而发愁的大学生,两年后竟成为一个拥有自己公司的老板。罗尔斯在接受一个电视节目采访时说:从开始到现在,我都没有做什么,我只不过是把触手可及的阳光加入了想象。

绝境里的机遇

  智利北部有一个叫丘恩贡果的小村子,这里面临太平洋,北靠阿塔卡马沙漠。特殊的地理环境,使太平洋冷湿气流与沙漠上的高温气流终年交融,形成了多雾的气候。可浓雾也丝毫无益于这片干涸的土地,因为白天强烈的日晒会使浓雾很快蒸发殆尽。一直以来,在这片干涸的土地上看不到一点绿色。

加拿大一位名叫罗伯特的物理学家来到这里，除了村子里的人，他没有发现多少生命迹象。但他有一个重要发现——这里处处蛛网密布。这说明蜘蛛在这里繁衍得很好。为什么只有蜘蛛能在如此干旱的环境里生存下来呢？罗伯特把目光锁在这些蜘蛛网上。借助电子显微镜，他发现这些蜘蛛丝具有很强的亲水性，极易吸收雾气中的水分。而这些水分，正是蜘蛛能在这里生生不息的根源。

人类为什么不能像蜘蛛织网那样截雾取水呢？在智利政府的支持下，罗伯特研制出一种人造纤维网，选择当地雾气最浓的地段排成网阵。这样，穿行其间的雾气被反复拦截，形成大的水滴，这些水滴滴到网下的流槽里，就成了新的水源。

如今，罗伯特的人造蜘蛛网平均每天可截水 10 580 升，不仅满足了当地居民的生活之需，而且还可以灌溉土地，这里已经长出了百年不见的鲜花和青绿的蔬菜。

在这个世界上从来没有真正的绝境，有的只是绝望的思维。

别让灰尘落在心上

一粒灰尘能起多大作用？它使得匹克林十几年的努力付诸东流。天文学家洛韦尔曾预言，在海王星外有一颗尚未发现的行星。匹克林用望远镜观察了十几年，却一无所获。直到冥王星被发现后，他才恍然记得，自己拍的照片上有粒灰尘，正在如今冥王星的位置上。就是这粒灰尘，让第一张冥王星的照片静静躺了十一年，也让匹克林错过了发现冥王星的机会。

同是灰尘，却让弗莱明发现了青霉素。在他之前，很多人都注意到了霉菌抑制葡萄球菌的现象，可是都没能继续深入研究下去。弗莱明在培育菌种期间外出了一段时间，结果灰尘污染了培养液。弗莱明经过细致的观察发现,受到污染的霉菌周围清澈透明,葡萄球菌都被杀死了。就这样,他发现了抗菌新药——青霉素。

匹克林心上落了灰尘,他认为冥王星不可能在灰尘所在的区域中。只有慧心不曾蒙尘的人,才能发现生活的缤纷色彩,品尝到成功的喜悦,恰如弗莱明于纷乱之中,以其不蒙尘的睿智,抓住了成功的机会。

所以,灰尘可以落到镜头上,落到器皿里,落到任何地方,却一定不能落在我们的心上,因为我们要用心来观察和触摸这个世界。

意外发现

乔利出生于巴黎一个贫民家庭。流浪几年后他找到一个贵族家庭,在厨房里当了一名小杂工。一天半夜,乔利被一阵急促的敲门声惊醒。原来女主人第二天一早要去赴一个约会,要求乔利立即将她的衣服熨一下。因为实在太困了,他不小心将煤油灯打翻,灯里的油滴在了女主人的衣服上。

乔利被吓坏了,他就是打一年工也买不来那昂贵的衣服。女主人要求乔利赔偿,给她白打一年工!

乔利将那件衣服挂在自己的窗前以警示自己别再犯错。

一天,他突然发现,那件衣服被煤油浸过的地方不但没脏,反而将原有的污渍清除了。经过反复试验,乔利又在煤油里加了一些其他的化学原料,终于研制出了干洗剂。

一年后,乔利离开贵族家开了一间干洗店,世界上的第一家干洗店就这样诞生了。

乔利的生意一发而不可收,几年间他便成了让世界瞩目的干洗大王。

灾难的馈赠

　　1924年,美国家具商尼科尔斯家突然失火。大火把家里的一切烧个精光,连同他准备出售的家具。

　　火灾之后,面对满地狼藉,心有不甘的尼科尔斯到处寻找,终于找到一块已被烧焦的红松木。他的目光长久地注视着那块木头独特的形状和漂亮的木纹。

　　尼科尔斯找来一块碎玻璃片,小心翼翼地刮去红松木上的沉灰,接着用砂纸打磨光滑,然后又在上面涂了一层清漆。一番打理之后,那块烧焦的红松木呈现出一种温暖的光泽和特别清晰的木纹。

　　尼科尔斯灵机一动,若是将这种光泽与木纹应用到家具的制作上,生产出"仿纹家具",效果应当不错吧?

　　灵感突至的尼科尔斯,立刻着手制作仿纹家具。果然,这种仿纹家具一问世,就受到了顾客的热烈欢迎。大家争相购买,尼科尔斯生意也就越做越好。

　　如今,尼科尔斯创造出的第一套仿纹家具,还收藏在纽约州博物院。

　　人生不可能一帆风顺,难免会有灾难猝不及防地降临到我们的面前。但只要我们的心中充满希望,我们就能发现灾难下的生机,也就能找到一条新的人生之路。那条路,其实正是灾难馈赠给我们的最好礼物。

换一种思路

用思路疏通道路

在美国，足协体育场为了满足大批球迷观看足球的强烈要求，开始动工将看台上的八万个座位扩容到十二万个。

这时，政府的治安管理部门发现了问题，通往足协体育场的道路最多可容纳八万人的流量，对十二万观众来说远远不够。如果不解决这个问题，就很难避免在大型赛事中因交通堵塞而导致死亡事件的发生。于是，政府的治安管理部门同道路管理部门协商如何解决交通问题。道路管理部门提出，可以把道路加宽，扩大其容量，但政府至少得拿出四千万美元的经费。治安管理部门清楚，这笔经费不算少，政府暂时很难办到。

无奈之下，政府治安管理部门向市民征集建议，寻求一个稳妥的过渡办法，以解决燃眉之急。经过各方面的论证，最后采纳了一位音乐家的建议：在足球比赛结束时，增加一些精彩的能吸引人的娱乐演出。比如，用象征性的一千美元请一些乐队来演出，这对乐队来说也是一次向数万观众展示自己实力的难得机会。这样，有些人会陆续离开，有些人会因观看演出而多留一会儿，观众离开足协体育场的时间就不会集中，道路拥挤的问题也就会相应地得到缓解。

从无解中求答案

招聘现场，众多精英人才被两道算术题搞得晕头转向，绞尽脑汁，无奈得出无解的结论。于是，有些人怀疑文凭不高的这家公司老总，是否出于嫉妒在捉弄大家。这两道算术题是："18＋81=(　　)6"；"6×6=1(　　)"

考试结束后，那位老总笑吟吟地到现场会见了大家。他首先讲述了企业在发展中化解危机的一个实例："我公司的主要产品是彩电的显像管，有一段时间，因行业竞争十分激烈，致使产品大量积压。为了打开销路，减少库存，全体员工终日冥思苦索，无计可施。一个年轻员工跟我说，现在产品已经降低到地板价，我们不妨停止生产，购进同类产品，只要这个行业还存在，产品价格必然有一天会回升到其价值之上。日后的行业形势果然证实了他的预言。"

老总讲到这里，顺手拿起一张试卷，"至于说今天这两道试题，绝不是捉弄大伙儿，如果你把试卷倒过来，经过180度的大转弯，就会另有天地。"果然，无解的试题变成了9(　　)=18＋81"；"(　　)1=9×9"。现场的应聘者一个个瞠目结舌。

老总说："我们不仅需要循规蹈矩地经过推理和运算所得到的答案，而且更提倡别开生面地从无解的难题中去探求答案。我们需要那些能够从无解的难题中找到答案的人。"

换个角度，你就是赢家

敲开门，秘书恭敬地把名片交给董事长，董事长不耐烦地把名片丢回去。秘书只得很无奈地把名片退回给站在门外看尽尴尬的那个业务员。业务员再把名片递还给秘书："没关系，我下次再来拜访，所以还是请董事长留下名片。"拗不过业务员的坚持,秘书硬着头皮,再进办公室。董事长火大了,将名片一撕两半,丢回给秘书。

秘书不知所措地愣在当场,董事长更为生气,从口袋里拿出十块钱:"十块钱买他一张名片,够了吧!"

岂知当秘书把名片和钱递给那个业务员后,业务员却很开心地高声说:"请你跟董事长说,十块钱可以买两张我的名片,我还欠他一张。"随即再掏出一张名片交给秘书。

突然,办公室里传来一阵大笑,董事长走了出来:"这样的业务员不跟他谈生意,我还找谁谈?"

能从别人设下的困局里跳脱者,都有一个本事,那就是"逆向思考",当你不顺着设局者的逻辑思考时,你才能出自己的招,去破解对手的招数。

换个角度,你就是赢家。

变废为宝

20世纪40年代,有一个德国工人在生产一批书写纸时,不小心调错了配方,生产出了大批不能书写的废纸,这个工人因此被解雇了。看到他生活、心情都陷入低谷,他的一个朋友劝解他说:"把问题变换一种思路看看,说不定能从错误中找到某些有用的东西。"一句不经意的话,有如一星火花。不久,他惊异地发现,这批废纸的吸水性能相当好,可以很快吸干手稿墨迹和家具上的水分。

于是,他从老板那里将所有废纸买下来,再切成小块,换上包装,取名"吸水纸",拿到市场上去销售,竟然十分抢手。后来,他申请了专利,并组织了大批量生产,结果发了大财。

我们往往会遇到这样的情况:只从一个方向考虑问题,路子越走越窄,甚至通常还会走入死胡同。这时,我们不妨换个角度来想一想,或许会出现意想不到的收获。

博诺的横向思维

牛津大学的爱德华·博诺先生非常推崇"横向思维"。在一次讲座中,博诺先生说了这样一件事:

某工厂的办公楼原是一片两层楼建筑,占地面积很大,为了有效利用地皮,工厂新建了一幢十二层的办公楼,并准备同时将旧办公楼拆掉。

员工搬进新办公楼后,刚开始因为新鲜感都很有兴致,可不久便开始抱怨起来,尤其抱怨新大楼的电梯不够快,而且也不够多。特别是碰到上下班高峰期,更是要花很长时间等候电梯。

工厂的决策层经过商议,想出了五个解决方案:一是在上下班高峰期,让一部分电梯只在奇数楼层停,另一部分只在偶数楼层停,从而减少那些为了上下一层楼而搭电梯的人。二是安装几部室外电梯。三是把公司各部门上下班的时间错开,从而避免高峰期拥挤的情况。四是在所有电梯旁边的墙面上安装镜子。五是搬回旧办公楼。那么你会选哪一个方案?如果你选了一、二、三、五,那么你用的是"纵向思维",也就是传统思维。而这家工厂最后采用第四种方案,并成功地解决了问题。

博诺先生接着解释说:"因为员工们忙着在镜子面前审视自己,或是偷偷观察别人,注意力便不再集中在等待电梯上,焦急的心情得以放松。这就是'横向思维',它跳出了人们考虑问题时的思维惯性,因为大楼并不缺电梯,而恰恰是人们缺乏应有的耐心。"

哲学上说,世间万事万物原都是相互联系的,一些看似不相干的事物,有时却可以互相影响。所以,我们在考虑问题时,不妨跳出思维的惯性,这样才会有意外的收获。

保护大象的方法

在津巴布韦,原本大象是属于全体国民的。村民们仅仅通过向观看大象的游客收费来获得收益。但是偷猎行为十分猖狂,大象的数量迅速减少,而且很难禁止。后来,他们提出了一个新的保护大象的方法——把大象分给村民,并且只要猎人们缴纳一定费用,就可以猎杀大象。

"这太荒唐了,简直太恶心了!"这几乎成了人们面对这项政策的第一反应。质疑的声音不断传来——打猎不可能保护大象,因为这会鼓励人们对大象的猎杀。

但是,人们慢慢发现,村民的行为发生了变化,开始更多地关心大象,希望大象越多越好,这样就能够向游人们收取更多的费用。于是他们积极地为大象留出生存地带,积极配合警察阻止那些企图偷盗象牙的捕猎者。

为什么会这样?经济学家们发现了其中的奥秘。新方法让津巴布韦的村民们可以从活着的大象身上得到更多的好处,而不是无助地面对死象。

虽然偷猎者会拼命捕杀他所遇到的每一个动物,可是如果大象的所有权归村子所有,而不是归国家所有,人们保护大象的积极性会明显提高,因为猎杀大象毕竟只是一种短期致富、长期崩溃的行为。

津巴布韦从20世纪70年代中期开始实行这项政策,尽管允许捕猎,可实际上大象数量一直在上升,由1979年的两万头增加到1989年的六万八千头。那时候挣扎在贫困线上的村民,已经用大象赚来的钱修建了学校和医疗站。

这样的政策并不完美,可是它让我们在津巴布韦看到了更多的大象。

逃离思维陷阱

　　从前,有个国王在大臣们的陪同下,来到御花园散步。国王瞧着面前的水池,忽然心血来潮,问身边的大臣:"这水池里共有几桶水?"众臣一听面面相觑,全答不上来。国王发旨:"给你们三天时间考虑,问答上来重赏,回答不上来重罚!"

　　眨眼三天过去了,大臣们仍一筹莫展。就在此时,一个小孩走向宫殿,声称自己知道池塘里有多少桶水。国王命那些战战兢兢的大臣带小孩去看池塘。小孩却笑道:"不用看了,这个问题太容易了!"国王乐了:"哦,那你就说说吧。"孩子眨了眨眼说:"这要看那是怎样的桶。如果和水池一般大,那池里就是一桶水;如果桶只有水池的一半大,那池里就有两桶水;如果桶只有水池的三分之一大,那池里就有三桶水;如果……""行了,完全正确!"国王重赏了这个孩子。

　　大臣们为什么解不开国王的问题呢?原来他们全掉进了思维陷阱。而那个小孩则撇开了池塘的大小,从桶的角度思考问题,问题一下子就迎刃而解。是啊,跳出思维陷阱,有时只需换一种思维方式,或换一个思维角度。

换个说法

　　有一个商人住在一家私人旅店里,他每天早晨买来菜,请老板娘代自己料理,出些劳务费给对方。一天,老板娘为商人炒好菜之后,另外盛了一小碗放入菜橱打算自用。然而这个小动作恰恰被提前回旅店的商人发现了。商人想,如果我当面说她"贪污"了我的菜,那女人面子上一定很难堪,自己今后也不便在这里再待下去了;若不说,自己的利益又受到了损害,而且说不定她以后还会这么做。

考虑良久，商人想出一个办法。他走进厨房，很婉转地说："别人都说，在家千日好，出门一朝难，依我看，这话并不全对。"那女人听不懂，他忙解释说："比如老板娘您吧，帮我炒好菜不说，还给我留一份晚上吃，我就没有想到这一招。"

还有个故事，一对母子上了火车，男孩见一个小伙子躺在两个座位上，就小声说："妈妈，我想坐。"母亲见小伙子假装睡着了，一动也不动，她心里有数，故意轻声"教育"孩子："稍等一下，这位叔叔太累了，等他休息好了，会给我们让座的。"小伙子一听，既感动又内疚，马上起身让座。

有时，换个说法，或许就能达到好的效果。

温馨提示

小平打工的餐厅对面开了一家大型瘦身会所，不少爱美的女性都慕名而来。每天中午很多做完瘦身的女士顺便就到他们的餐厅吃饭，餐厅的生意一下子变得好了起来，老板也喜笑颜开。

不过很快老板发现了一个问题，做完瘦身的女士用餐后不愿意马上离开，她们好像有的是时间，饭后在餐桌前谈化妆、谈时尚、谈购物，总是那么兴致勃勃。如果当面劝这些老主顾走人，无疑会得罪她们，但如果听之任之，餐厅桌位本来就有限，肯定会影响到老板的生意。老板后来实在看不过去了，就写了一张温馨提示牌："顾客朋友，为了不影响其他顾客就餐，请用完餐后及时离开。"老板把提示牌挂在餐厅的醒目位置，原以为女性顾客会很配合，可她们对那个提示牌视而不见，依然我行我素，老板为此郁闷不已。

有一天老板娘到餐厅来"视察"，老板为这事向她大倒苦水，老板娘笑了笑说："这个问题很好办。"她让人取下那张温馨提示牌，吩咐老板把先前写的内容改成"温馨提示：饭后走一走，腰肢细如柳；饭后坐一坐,多出二两肉。"

这一招还真是有效,之后很少出现顾客用餐后滞留的现象了。

"驱赶"良方

法国著名女高音歌唱家玛·迪梅普莱有一个美丽的私人园林。每到周末,总会有人到她的园林摘花、拾蘑菇,有的甚至搭起帐篷,在草地上野营野餐,弄得园林一片狼藉。管家让人在园子四周围上篱笆,并竖了块"私人园林禁止入内"的木牌,但均无济于事。迪梅普莱听了管家的汇报后,让管家做一些大牌子立在各个路口,上面醒目地写着:"如在林中被毒蛇咬伤,最近的医院距此十五公里。"

从此再无人闯入这片园林。

为"朋友"让出海滩

美国加州圣迭戈市有一片环境优美的海滩,每到夏季,这里便成了市民们的天然浴场。但是,每年四月春暖花开之际,大量海豹便如同度假一般,从北太平洋的岛屿赶到圣迭戈市海滨。尽管孩子们非常喜欢这些海豹,但是出于安全考虑,人们不得不离开海滩。

于是,有人提议,赶走这些海豹,夺回海滩,维护人们休闲娱乐的权利。渐渐的,驱赶海豹的声音演变成一股汹汹民意。听到部分市民的呼声,再考虑到海滩的卫生状况和旅游效益,圣迭戈市政府制定出一个计划,在海滩上播放狗叫的录音来吓走这些海豹,重新占领海滩。但是,当圣迭戈市政府在将计划提交当地法院批准时,却遭到了拒绝。

加州州长施瓦辛格得知此事后,立刻表示自己反对圣迭戈驱赶海豹的动机。他认为,在海滩上,人类与海豹不应该成为敌人,而应该是和谐共处的朋友。之后,他向州议会提出在海滩上建设海豹主题公园的计划,让出一片海滩给海豹,在人与海豹之间建设保护设施,这样,人类与海豹都有了休闲的空间,海豹不会妨碍人,人又可以近距离欣赏海豹,这个建议得到了加州议会的赞同。

如今,这片海滩上的孩子和游客比从前更多了,他们不单单是为了度假,更是冲着那些海豹来的。圣迭戈的市民没有想到,主动让出一片海滩,会换来另一道美丽风景。

及时转移方向

打不过就跑

有人曾经问一位企业家朋友，他成功的秘诀是什么。他毫不犹豫地说，第一是坚持，第二是坚持，第三还是坚持。发问的人心里暗笑。没想到朋友意犹未尽，又"狗尾续貂"了一句："第四是放弃。"

放弃？作为一个成功的企业家怎么可以轻言放弃？该放弃的时候就要放弃，朋友说，如果你确实努力再努力了，还不成功的话，那就不是你努力不够的原因，恐怕是努力方向以及你的才能是否匹配的事情了。这时候最明智的选择就是赶快放弃，及时调整，及时调头，寻找新的努力方向，千万不要在一棵树上吊死。

据说乾隆皇帝曾经在殿试的时候给举子们出了一个上联"烟锁池塘柳"，要求对下联。一个举子想了一下就直接回答说对不上来，另外的举子们还都在苦思冥想时，乾隆就直接点了那个回答说对不上的举子为状元。因为这个上联的五个字以"金木水火土"五行为偏旁，几乎可以说是绝对，第一个说放弃的考生肯定思维敏捷，很快就看出了其中的难度，而敢于说放弃，又说明他有自知之明，不愿意把时间浪费在几乎不可能的事情上。

"童话大王"郑渊洁也曾经说过："每个人都有自己的最佳才能区，除非他是白痴。聪明人要拿自己的长处和别人的短处竞争，打得过就打,打不过就跑。"

这句看似"懦弱"的话说得很有道理。首先要"打",打过了才知道自己的短处和长处,才知道自己是否是人家的对手,努力了之后在取胜无望的情况下作战略性撤退,不作无谓的牺牲,是智者所为。"打不过就跑",是最容易走向成功的捷径。

画家的餐巾纸

爱格尔是德国汉堡的自由画家。很多年里,爱格尔精心创作的油画总是无人问津。

爱格尔在日常生活中发现,德国的传统家庭都很注重每天全家在一起的聚餐,并以此为亲情交流沟通的美好时光。为了营造共进晚餐时的气氛,虽然食品简单得只是些面包、果酱和香肠,但场面却是高贵典雅。晚餐时一定要铺上艺术餐巾纸,并根据不同的天气、当天幸运色以及不同的节日来挑选合适的艺术餐巾纸。因此,在德国十张一包的艺术餐巾纸的价格一般都在四至五欧元,销售行情一直都很好。

此时此刻,爱格尔的灵感突然开始迸发了,他果断地决定改变艺术追求的方向,成立属于自己的餐巾纸设计公司。经过十几年的打拼,终于从一个穷困潦倒的自由职业画家,成功地转型为一位纸巾设计大师。

其实当命运和你开玩笑时,只有及时地转变方向,才能让人生迈出低谷。而在成功转变之后,你还可以和往日的理想再度牵手。

先把帽子扔过栅栏

有个青年对工作一直怀有畏难情绪,犹豫不决之间丧失了很多机会。远道来看望他的父亲告诉他一条秘诀:当你遇到一道栅栏跳不过去时,先把帽子扔过去。

父亲还告诉儿子,在他二十岁时,他唯一的财产是一条小船。他驾着小船去闯芝加哥,好多天找不到工作。就在他准备调头回家时,突然念头一转,将缆绳交给了售船商。帽子就这样扔过了栅栏,没有任何退路。

卖船后,这位父亲将所有精力和勇气都集中在拓展新生活上。经历了多年坎坷人生后,他成了芝加哥的富翁。

听从父亲劝告的年轻人,后来发现自己也是在将帽子扔过栅栏后,获得了栅栏那面的新天地。

简　单

成功其实很简单

有一个人去应征工作,随手将走廊上的纸屑捡起来,放进了垃圾桶,被路过的口试官看到了,因此他得到了这份工作。

原来获得赏识很简单,养成好习惯就可以了。

有个牧场主人,叫孩子每天在牧场上辛勤工作,朋友对他说:"你不需要让孩子如此辛苦,农作物一样会长得很好的。"牧场主人回答说:"我不是在培养农作物,我是在培养我的孩子。"

原来培养孩子很简单,让他吃点苦头就可以了。

有一个网球教练对学生说:"如果一个网球掉进草堆里,应该如何寻找?"有人答:"从草堆中心线开始找。"有人答:"从草堆的最凹处开始找。"还有人答:"从草最长的地方开始找。"教练宣布正确答案:"按部就班从草地的一头,搜寻到草地的另一头。"

原来寻找成功的方法很简单,从一数到十不要跳过就可以了。

有一家商店经常灯火通明,有人问:"你们店里到底是用什么牌子的灯管?那么经久耐用。"店主回答说:"我们的灯管也常常坏,只是我们坏了就换而已。"

原来保持明亮的方法很简单,只要常常更换就可以了。

住在田边的青蛙对住在路边的青蛙说:"你这里太危险,搬来跟我住吧!"路边的青蛙说:"我已经习惯了,懒得搬了。"几天后,田边的青蛙去探望路边的青蛙,却发现它已被车子压死,暴尸街头。

原来掌握命运的方法很简单,远离懒惰就可以了。

有一只小鸡破壳而出的时候,刚好有只乌龟经过,此后小鸡就背着蛋壳度过了一生。

原来脱离沉重的负荷很简单,放弃固执成见就可以了。

有一支淘金队伍在沙漠中行走,大家都步伐沉重,痛苦不堪,只有一人快乐地走着,别人问:"你为何如此惬意?"他笑着:"因为我带的东西最少。"

原来快乐很简单,拥有少一点就可以了。

斜坡的区别

太行山一景区大宾馆门前弧形的坡度,供小轿车上去下来,门童可以及时地开车门迎接宾客。可每到下雪天,坡上总会残留部分积雪。如果这时正好有客人光临,轿车很容易打滑。如果是在家里,自然可以及时清扫,可一个星级宾馆门前老是有个人拿着扫帚,极不协调。

宾馆经理接到门童的汇报,立即组织专家团队寻找对策。专家团队集中了建筑、服务、礼仪诸多方面的权威,经过多天研究,终于想出个完美的办法。在坡度处安装了红外线遥感系统,每当天气冷到一定温度时,坡度两边的护栏上安装的水龙头里就会喷出含有盐水的液体,氯化钠及时融化了冰,地面不再滑,问题得到圆满解决。虽然前前后后花费了数万元,而且以后还要随时准备盐水,但经理认为很值得,褒奖了各位专家。

和这家宾馆几里之遥的另外一个景区建了一个私人宾馆,规格没有这么高。下雪天的时候,他们遇到同样的问题。老板看见客人差点滑倒,就对负责接待的组长喊道:"再下雪如果我还看见客人滑倒,你必须卷铺盖回家。"

组长找来一位工匠。工匠看了看,然后用铁凿子凿出一条条的横纹,地面整体并没有破坏,但车和人上去时因为有横纹防滑,再也没有出过问题。组长给了工匠三十块钱,工匠高高兴兴地哼着歌曲远去了……

都是斜坡,因解决的人不同,区别竟然如此之大。

解除束缚

割断束缚才能绝处逢生

　　一个登山者非常渴望征服南美洲的最高峰——阿空加瓜山。经过数年的精心准备，他终于出发了。因为想要独享征服者的荣誉，他决定一个人上路。

　　几小时过去了，天色越来越暗，但他不愿露营，仍继续往上爬。又过了一会儿，天完全黑下来。当爬到距主峰只有一百米的山脊上时，登山者一不小心，向下滑去。他跌落的速度很快，突然他感到腰间猛地一顿，几乎要把身体截成两段。"太好了！"他想，"幸好我记得把保护索钉牢。"原来他被自己的保险索拉住了，现在他全靠那根绳子吊在半空。

　　周围一片寂静，悬在空中的登山者什么也看不到，他知道用不了多久自己就会冻死。突然登山者心里响起一个声音："赶快把系在你腰间的绳子割断！"他的直觉也急切地劝告："你就要被冻死了，千万别再犹豫！"但割断救命的绳索，这个念头听起来实在是太可怕了，登山者仍然全力抓住那根救命的绳子。

　　第二天，救护队员发现一个冻得僵硬的登山者的遗体挂在保险索上，他的手还紧紧地抓着绳子，而他距离地面，仅仅只有两英尺……

　　明明是救命的保险索，由于登山者的过分拘泥，却不幸成了他的丧命绳。莎士比亚有句名言:"本来无望的事,大胆尝试,往往能成功。"绝境之下,如果没有魄力,不能大胆地割断束缚,又怎会逢生?

经　验

美国经营最佳公司的经验

美国一家企业管理咨询公司麦金赛公司的两个负责人托马斯·彼得斯和罗伯特·瓦特曼，为了要证明美国的企业管理并不亚于日本或任何其他国家，对四十三家经营得最成功的美国公司进行了实地调查，其中既包括像约翰逊和约翰逊公司、普罗克特和甘布尔公司那样专门从事消费品生产的公司，也包括像国际商用机器公司、休勒特-派克德公司那样的高级技术公司，也有像三角洲航空公司、麦克唐纳快餐公司那样的服务业公司。他们得出的结论归纳为企业经营管理的八项基本原则，写在一本名叫《追求优异成绩》的书中。此书在1982年出版以后，连续两年在《纽约时报书评周刊》等美国报刊的畅销书目中名列首位。

这八项基本原则是：一、说干就干——与其没完没了地分析或等待委员会的研究报告，不如行动起来，先干些什么。二、密切联系用户——了解用户的爱好，满足他们的需要。三、发扬自主权和创业精神——把大公司分成小公司，鼓励它们独立思考，进行竞争。四、通过人来提高生产率——使所有职工都意识到企业的成功需要他们作出最大努力，成功了也有他们的利益。五、要抓业务，要以价值观为动力——行政领导人员必须熟悉公司的基本业务。六、专心本行——不要脱离本公司最在行的业务。七、简化组织、精简人员——减少层次，减少上层人员。八、同时又松又紧的特性——造成一种既致力于公司的中心价值观又容忍凡能接受这些价值的职工的气氛。

经验并不可怕

有一位母亲盼星星盼月亮，只盼自己的孩子将来能够成才。一天，她带着五岁的孩子找到一位著名的化学家，想让孩子了解一下，这位大人物是如何踏上成才之路的。问明来意后，化学家没有向她历数自己的奋斗经历和成才经验，而是要求他们随他一起去实验室看看。

来到实验室，化学家将一瓶黄色的溶液放在孩子面前，看他如何反应。孩子好奇地看着瓶子，显得既兴奋又不知所措。过了一会儿，他终于试探性地将手伸向了瓶子。这时，他的背后传来了一声急切的断喝，母亲快步走到孩子旁边拉住了他，孩子吓得赶忙缩回了手。

这时化学家哈哈大笑起来，他对孩子的母亲说："我已经回答你的问题了，希望你对孩子能否成才有个新的认识。"母亲疑惑地望了望化学家，不明白他的用意何在。

化学家漫不经心地将自己的手指放入溶液里，笑着说："其实这不过是一杯染过色的水而已。当然，你的一声呵斥出于本能，但也可能就此喝走了一个天才。许多父母都容易犯下同样的错误，他们总是害怕危险，从而约束了孩子的好奇心。于是孩子们也就习惯于接受现状，不敢去探索创造。记住，经验并不可怕，哪怕是痛苦的经验，可怕的是没有经验。"

秘　诀

小时候，马德和小伙伴们在一片树林子里玩捉迷藏，遇到过这样一位让他不能忘记的放羊老人。

那是一片茂密的林子,树冠大而枝叶繁盛,常常一个人藏起来,别人半天也不容易找到。那天,一个小伙伴藏起来,大家正要去找,被放羊老人一把拉住,告诉他们一个在树林里玩捉迷藏的秘诀。

他说,别人藏起来以后,不要急着去找,先爬到一棵高树上看看,哪里有鸟扑棱棱飞起,那人就一定藏到那里去了。同样,藏起来的,要注意地上的动静,如果哪个方向虫鸣一下子停止了,那就意味着找的人已经从那个方向来了,你该想着换个地方……

这些话让马德有一种醍醐灌顶的感觉,以后多少年,马德都让自己的人生触类旁通,因为老人简单的话语让他懂得了一个道理:成功的行动要靠智慧引领;而智慧之果,常常结在经验的藤蔓上。

学历最高的人

有一个博士被分配到一家研究所,成为研究所里学历最高的人。

有一天他到单位后面的小池塘去钓鱼,正好正副所长在他的一左一右,也在钓鱼。他只是微微点了点头,认为和这两个本科生有啥好聊的呢?

不一会儿,正所长放下钓竿,伸伸懒腰,噌噌噌从水面上飞一般走到池塘对面上厕所,博士眼睛睁得都快掉下来了。水上漂?不会吧?这可是一个池塘啊。正所长上完厕所回来的时候,同样也是噌噌噌地从水上"漂"回来了。怎么回事?博士生又不好去问,自己是博士生嘛!过了一会儿,副所长也站起来,走几步,噌噌噌地"漂"过水面去了厕所。这下子博士更是差点昏倒:不会吧,到了一个江湖高手集中的地方?

博士生也内急了。这个池塘两边有围墙,要到对面厕所非得绕十分钟的路,而回单位上厕所又太远,怎么办?博士生也不愿意去问两位所长,憋了半天后,也起身往水里跳:我就不信本科生能过的水面,我博士生不能过。只听"咚"的一声,博士生栽到了水里。

两位所长将他拉了出来,问他为什么要下水,他问:"为什么你们可以走过去呢?"两所长相视一笑:"这池塘里有两排木桩子,这两天下雨涨水正好在水面下。我们都知道这木桩的位置,所以可以踩着桩子过去。你怎么不问一声呢?"

尊重有经验的人,才能少走弯路。

开创性

一次开创性表演

迈克尔在墨尔本旅行时,被墨尔本深深吸引,想在墨尔本多滞留几天,可他只带了一个星期的盘缠。

迈克尔用剩下的钱购置了一个长方形木箱、银灰漆和银灰喷粉。他先将木箱刷上银灰漆,又找出一套旧的衣裤鞋帽,也将它们涂上一层银灰色漆。完毕后,他利索地穿上衣裤和鞋子。接下来他拿出银灰色喷粉,闭上眼睛,朝脸上及脖子上喷了起来。然后,他再请一个过路的女士为他补上漏喷的地方,直到看不见原来的肤色为止。

一切准备妥当,迈克尔提着木箱来到宽敞的空地,将帽子翻过来往地上一放,人就站在了木箱上。

迈克尔的表演是纹丝不动的,包括眼神,就像繁华都市街头随处可见的雕像。只有木箱和让人扔钱的帽子可以证明,一动不动站在那儿的,是个有血有肉的大活人。

这座从天而降的雕像一下子吸引了过往行人,他们为这座雕像的逼真喝彩,一边啧啧赞赏,一边友好地往他帽子中投掷钱币。

几个小时下来,迈克尔赢得了在墨尔本滞留的足够的盘缠。

迈克尔成功表演后的一些日子,墨尔本街头出现了为数不少的高水准的活体雕像:有的动作优美,在薄如蝉翼般的紧身衣裤上喷以紫铜色的粉漆，给人的直觉有如真人胴体；有的表演时间超长，竟可以蒙骗飞翔的鸟群，让它们在身上歇息……但是，观众很少往他们帽子里扔钱。

道理很简单，成功只属于第一个。在墨尔本街头，只有迈克尔的表演才是有开创意义的。

成功或许是失败之母

这是一则小小的寓言。一个探险家出发去北极，最后他却到了南极。当别人问他为什么会这样时，他说："我带的是指南针，当然找不到北极了。"问者大惑不解："南极的对面不就是北极吗？你该按着指南针所指的方向转过身走才对。"

这个寓言常被人用来说明一个道理：在生活中，我们一次次被撞得晕头转向，甚至头破血流，但往往还是不愿意改变方向。就像想去北极的这个探险家一样，被指南针的针尖牵住了鼻子。而实际上，我们只要转过身去，换个方向，便会柳暗花明了。

生活中经常能看到，一个人成功后就鲜有再一次的成功；或者一个渴望成功的人总想"克隆"别人的成功，却往往以失败告终。那个探险家如此迷信指南针，就因为太多的探险家靠指南针获得过成功。过去的成功往往被视为将来成功的方向。殊不知环境变了、时间变了、挑战变了，等待实现的成功的方向也就变了。惯性使人们坚持朝着以往成功过的方向努力，并坚信那是正确的方向，这就不可避免地要重蹈那个探险家的覆辙。可是又有多少人具备"转身"的意识呢？

成功是开创出来的，不是模仿出来的。有些人之所以失败，就是因为太迷信已有的成功模式，忘记了"转身"，忘记了换个方向去追求全新的成功。所以，成功有时也可能是失败之母。

人只怕没方向

在生活中，我们总会遇到困境，但是，与其闪避、畏惧、排斥，不如迎面而上。因为，在遭遇阻碍时，我们换个方式、拐个弯，就能解决，这就像遇到一块大石头，我们不一定要把它搬开，却可以试着绕过去。

要随时改变自己，把握机会，走在对的方向上，来适应变动的环境。

台湾最大的芯片制造商之一台积电公司的董事长张忠谋曾说："创新，是被逼出来的！"因为如果不创新的话，就无法和周遭的人竞争。而创新就必须先从旧有的框框里跳脱出来。

的确，有时人陷在旧有的思维和框架之中，不知跳脱制约，就可能平庸一辈子。

天生有才华的人，未必就有成就；很多人都是在重重压力之下勇于改变，才迸发出内在的潜能。

在白手起家、东山再起的过程里，正确的方向决定一切。所以，再出发，永不嫌迟；先觉悟，再求突破。

金子与大蒜

有一个商人带着两袋大蒜，骑着骆驼，一路跋涉到了遥远的阿拉伯地区。那里的人们从来没有见过大蒜，更想不到世界上还有味道这么好的东西，因此，他们用当地最热情的方式款待了这个聪明的商人，临别赠与他两袋金子作为酬谢。

另一个商人听说了这件事后，不禁为之心动，他想：大葱的味道不也很好吗？于是，他带着葱来到了那个地方。那里的人们同样没有见过大葱，甚至觉得大葱的味道比大蒜的味道还要好！他们更加盛情地款待了商人,并且一致认为,用金子远不能表达他们对这位远道而来的客人的感激之情。经过再三的商讨,他们决定赠与这位朋友两袋大蒜!

　　生活往往就是这样,你抢先一步,占尽先机,得到的是金子;而你步人后尘,东施效颦,得到的可能就是"大蒜"!

乐　观

快乐是一种能力

一家跨国公司招聘策划总监，层层筛选后对三名佼佼者进行最后的考核。三名应聘者被带到一家豪华的饭店，分别安排在单独的房间里。房间内各种生活用品一应俱全，但是没有电话，也不能上网。考核方只是告诉他们，要耐心等待考题的送达。

第一天，三个人都略显兴奋，看看书报，看看电视，听听音乐，不知不觉地就过去了。第二天，因为迟迟等不到考题，三个人开始出现了不同的情绪：一个人变得焦躁起来；另一个人不断地更换着电视频道，把书翻来翻去；只有一个人，跟随着电视节目的情节快乐地笑着，还津津有味地看书，踏踏实实地睡觉……第三天，考题依然没有送达，一个人开始在屋里不停地转悠；另一个人对电视频道更加失去了兴趣，不知所措地把几本书翻了又翻；另外一个人，则千方百计地在屋子里找事做，一会儿做点吃的，一会儿睡一觉。

三名候选人的一举一动，他们相互之间都不知道，却已通过监控传达给了主考官。五天后，主考官对三人说出了最终结果——那个能够坚持快乐生活的人被录用了。主考官解释说："快乐是一种能力，能够在任何环境中保持一颗快乐的心，可以更有把握地走近成功！"

快乐是生命的支点

和田一夫曾经是日本最大零售集团八佰伴的总裁。当他七十二岁时,突然遭到了致命的打击——他苦心经营的集团倒闭了。一夜之间,他从一位国际知名企业家变成了一文不名的穷光蛋。有人以为他从此将一蹶不振,穷困潦倒余生。可是出乎人们的意料,他很快就调整了心态,仅仅一年之后,又和几个年轻人办起了一家网络咨询公司,并且仅用了一年零九个月的时间就带领公司上市。这位老人精力充沛,每天工作十多个小时,每月往返于上海、福冈之间。他为什么能这么快就调整好了心态?

原来,和田一夫从二十岁开始,就坚持每天写一篇日记。与众不同的是,他只拣快乐的事情记,他把这种日记叫作"光明日记"。此外,他每个月都要召集一次例会,要求所有与会者在谈工作之前,必须用三分钟时间向大家讲述自己本月内最快乐的事情,他把这种例会叫做"快乐例会"。正是追求光明和快乐,才使和田一夫扼住了命运的咽喉,成为一只"不死鸟"。

另辟蹊径

打开天堂之门

　　日本的一支探险队准备在南极过冬,决定把运输船上的汽油运到越冬基地。由于准备不充分,在实际操作中发现输油管的长度根本不够。如果再从日本本土运来,时间得需要两个月,远水解不了近渴。

　　这个问题难住了所有的人。情急之下,队长西崛荣三郎提出了一个奇特的设想:"我们用冰来做管子吧。"冰在南极是最丰富的东西,但怎样使冰变成管子呢?很多人还是不明白。他接着又说:"我们不是有医疗用的绷带吗?就把它绑在已有的铁管上,上面淋上水,让它结成冰,然后拔出铁管,这不就成了冰管子了吗?再把它们一段一段地连接起来,要多长就有多长。"

　　西崛荣三郎解决输油管不够的高明之处,就在于因地制宜找到了可以替代输油管的材料——冰。

　　当常规的大门紧紧关闭、无法敲开之时,就应当放胆用自己创立的新规则去打开天堂之门。

面试失败之后

　　大学毕业后,美国小伙子威廉就一直渴望进入谷歌工作。偏偏他学的专业是物理,女友玛丽劝他:"你的专业不对口,怎么可能被录取?"威廉不服气,成天钻研IT知识,三个月后参加应聘,竟然从众多应聘者中脱颖而出,杀入最后的面试。

谷歌考官问:"你能清洗西雅图所有的窗户吗?"威廉摇摇头。考官又问:"需要多少卫生纸才能覆盖得克萨斯州?"威廉还是回答不出。就这样,他被无情地淘汰了。玛丽劝他现实点,找份合适的工作,可他依然不愿意放弃,研究起各种稀奇古怪的考题。等到谷歌再招人,他又报了名,结果还是在面试中失败。朋友们都认为威廉钻牛角尖,可他不以为然,开始在网上向那些曾参加过谷歌面试的人征集考题。

玛丽哭了,问:"难道你真是犟牛,不撞得头破血流不罢休?"威廉担心她难过,道出了实情:"其实,我早就意识到自己并不适合谷歌。可看见那么多人想进谷歌,那么多人都被它的面试题给难住了,我就想如果能通过参加面试多收集一些考题,把它们结集出版,必然不愁销路呀!"果然,不久威廉把那些谷歌的刁钻考题汇集在一起,推出了作品《谁是谷歌想要的人才》,赚得了第一桶金。如今,已是职业撰稿人的威廉常说:"常人都有成功的想法,殊不知失败同样可以被利用,创造出另一种成功。"

忘记抱怨

一个少年喜欢弹琴,想成为一名音乐家;另一个少年爱好绘画,想成为一名美术家。然而,他们都突然经历了一场灾难。结果,想当音乐家的少年,再也无法听见任何声音;想当美术家的少年,再也无法看到这个五彩缤纷的世界。两个少年非常伤心,痛哭流涕,埋怨命运的不公。

一位老人知道了他们的遭遇和怨恨。老人对耳聋的少年用手语比画着说:"你的耳朵虽然坏了,但眼睛还是明亮的,为什么不改学绘画呢!"然后,他又对双目失明的少年说:"你的眼睛看不见了,但耳朵还是灵敏的,为什么不改学弹琴呢?"两个少年听了,心里一亮。他们从此不再埋怨命运的不公,开始了新的追求。

后来,耳聋的少年成了美术家,名扬四海;双目失明的少年终于成为音乐家,饮誉天下。

学会"绕"的智慧

春秋时期,在楚庄王的治理下,楚国人民安居乐业。但是,楚国的运输工具仍比较落后,出行用的马车底座较低,不仅容易碰伤马腿,而且车速很慢,一旦发生战争,不利于运送物资。

楚庄王注意到这一点,于是召集大臣,商议要将全国的马车底座改高。楚国令尹孙叔敖认为这种做法不妥,他对楚庄王说:"老百姓已习惯乘坐这种低矮的马车了,如果大王强行命令老百姓改造马车,势必会招致老百姓不满。"

楚庄王听了,觉得有道理,就问孙叔敖有什么办法。孙叔敖提议说:"其实很简单。只要让各地的官府发布告示,就说根据天文历法推算,今年有可能会发大水,为了避免洪水漫进房屋,各家各户的门槛都要加高一些,这样就可以了。"随后,孙叔敖又详细解释了其中的玄机。楚庄王听了,高兴地点头表示赞许。

很快,告示就在全国发布。老百姓为防范洪水,都加高了自家的门槛。可这样一来,马车再进门时,车底就会碰到门槛,车上的人不得不先下车,让人把车抬过去。一开始,大家还能忍,时间一长,都觉得这种低矮的马车太不方便了,于是纷纷把马车底座改高。半年后,楚国低矮的马车全都改造完毕。

欲速则不达。太过于直接的强硬要求,往往会招致抵触和不满。这时,我们就需要孙叔敖这种"绕"的智慧。

舍鱼卖缸

老李到小镇推销鱼缸,鱼缸做工精细,造型精巧,可问津者寥寥。

于是他到花鸟市场以很低的价格向一个卖金鱼的老头订购了五百条小金鱼,并让老头悄悄把金鱼全部倒进了镇东头小溪的上游。消息很快就传遍了小镇:河里有很多漂亮的、活泼的小金鱼,镇上的人们争先恐后拥到河边,寻找和捕捉小金鱼。捉到鱼的人,立刻兴高采烈地去买鱼缸。没捉到鱼的人,也纷纷上街抢购鱼缸。老李把售价抬了又抬,上千个鱼缸还是很快被人们抢购一空。

名家论道

俞敏洪谈分享

什么叫良心呢？就是要做好事，要和别人分享，要有愿意为别人服务的精神。有良心的人会从做的事情体现出来，而且所做的事情一定对你的未来产生影响。

有一个企业家和我讲起他大学时的一个故事，他们班有一个同学，每个礼拜都会带六个苹果来。宿舍里的同学以为是一人一个，结果他是自己一天吃一个。尽管苹果是他的，不给你也不能抢，但是从此给同学留下一个印象，就是这个同学太自私。后来这个企业家成功了，而那个吃苹果的同学还没有取得成功，他希望加入到这个企业家的队伍里来。但大家一商量，说不能让他加盟，原因很简单，因为在大学时他从没有体现过分享精神。所以，你得跟同学们分享你所拥有的东西，感情、思想、财富，哪怕是一个苹果也可以分成六瓣大家一起吃。因为你要知道，你的付出永远不会是白白付出的。

我到了北大后每天在宿舍打扫卫生，每天都拎着水壶去给同学打水。但是我并不觉得打水是一件多么吃亏的事情。因为大家都是同学，互相帮助是理所当然的。

到了1995年年底，新东方做到了一定规模，我希望找合作者，就跑到美国和加拿大去寻找我那些同学，他们在大学时都是我的榜样。后来他们回来了，给了我一个十分意外的理由。他们说："俞敏洪，我们回去是冲着你过去为我们打了四年水。我们知道，你有这样的一种精神，所以你有饭吃肯定不会给我们粥喝，所以让我们一起回中国，共同干新东方吧。"这才有了新东方的今天。

人生不能太安分

世上有三种人：第一种人，他们不能适应社会的准则，被社会无情地打击到最底层，他们的精神生活几乎为零，只能得到维持生命存活的物质条件；第二种人，他们能够适应社会的准则，但在社会准则面前没有任何的尊严，他们随波逐流，在适应社会准则时，能够得到一丁点儿好处；第三种人，他们不但能够游刃有余地适应社会准则，而且能够在完全了解、理解社会准则后，根据自己的想法改变一部分社会准则，从而实现自身价值。

中国的孩子，在我看来，大多数做不到第三种。

他们习惯于逆来顺受，而不是去改变。他们习惯于随大流不犯大错，而不懂得独立作判断，独立选择。中国人有一种文化心理，就是求同心理，认为跟大多数人一样就是安全的。

成功的人和不成功的人，区别在于成功的人懂得去分辨真规则和假规则。举个简单的例子，对于大学里逃课，多数人是不敢的，因为被点到名会扣分。其实这是一个假规则。点名是大学体制对付不认真学习混日子的学生的一种手段。换言之，有学习目的的学生，不是大学点名体制的目标人群。大学里的真规则是实现自身的价值提升。分辨出真假规则的人，自然懂得怎么去选择自己的行为。

我发现成功的人生都有一个特质，就是不安分。父辈中的很多成功者，放弃了铁饭碗。这绝对不是什么懂得放弃的精神，而是因为他们不安分，不满足于眼前安稳的现状。虽然他们其中也有牺牲者，但他们的生命都在拼搏,都很有价值。

也只有这样的人,才会不断突破自我,呈现精彩。

一生安分的人,等于夭折。

变革自己

触屏技术是诺基亚第一个发明的,比苹果早很多,但为什么智能手机没从诺基亚出来?因为这与原来的团队基因相抵抗,当整个团队已熟悉原有的运作系统,并且可以靠原来那一套挣很多钱过得很舒服时,你让他们改变非常难。

改变有两点:第一,让人重新动脑子。动脑子是变革自己和变革正在做的事情,革自己的命。试问,有多少人在重新动脑子?第二,就算意识到要重新动脑子后,行为上能不能改变?这也不太容易。就算个人行为能改过来,当你还有一个团队时,你能不能把整个团队的思维改过来,这依然是件难事。整体的改革必须被绝大多数人接受才能够成功。

这个世界不断在变,但有些东西你不能变。做一件事时,你必须要考虑是否热爱这件事。你做的事情自己一定要从心底认可,有信念的人面对失败和挫折时不太会轻易放弃。

因此要有以下心态:

第一,不要怕生生死死,做任何事情只要命不丢就行了。你来到这个世界的时候就是赤裸裸的,你怕什么?

第二,缺什么东西就去要,就像看见喜欢的女孩就去追,追不上是你运气不够,但是不追会一辈子后悔。这个世界上95%的事情,只要有勇气和胆量,加上"死不要脸"的韧劲就能成功。

第三,紧跟时代,否则不管你做的事情多么牛,多么好,都有可能失败。比如开书店是一个理想,但书店都没有办法经营下去了,它们跟不上这个时代对于新商业模式和新需求的呼应，跟不上就只能退出历史舞台。

最后，变革自己。不要指望任何人，能挽救我们的，只有我们自己。

马未都解读"李约瑟难题"

马未都在新书《马未都说收藏·家具篇》中写道，英国科技史学家李约瑟有一道著名的"李约瑟难题"：资本主义革命，就是工业化的革命，为什么没在发达的中国产生？原因中很重要的一点，就是中国当时不注重无形资产，不注重知识产权。晚明时期，大量知识分子、上层社会追求生活的奢靡，商品跟着就出现了，比如大彬的紫砂、江千里的螺钿、黄应光的版刻、方于鲁的制墨、陆子冈的治玉、张鸣岐的手炉，等等。这些手工业品都是署个人名款，充斥整个市场。今天统计，署着"张鸣岐"款的手炉，大概有四万件存世。一个人不可能制造出这么多的手炉，只能说明他的人名已经变成一个品牌。

资本主义萌芽时期出现了一个特征，就是品牌意识。我们今天知道的西方的著名品牌基本上都是人名。比如服装有范思哲、阿玛尼，汽车有丰田、福特、奔驰，还有波音飞机、路易·威登的包，这些都是人名，跟我们资本主义萌芽时期的品牌意识一模一样。但不幸的是，这个品牌进入清朝后，叫作"大清康熙年制"、"大清乾隆年制"。1949年以后，叫作"Made in China"，中国制造，不再注重品牌。

建国初期，由于要向西方各国出口，没有商标是不能出口的，所以我们被迫出了一些品牌，叫什么"天坛"、"东风"、"解放"、"红旗"、"蓝天"、"白云"，问题是蓝天、白云都不为此事负责，这就是对品牌意识的淡漠、对无形资产的淡漠的一个史实。

同光中兴时期，资本主义第二次萌芽，中国人的品牌意识又出现了。接受第一次被扼杀的教训,这次的品牌叫什么呢?叫外号。比如我们都知道的狗不理包子、王麻子剪刀、葡萄常、泥人张、烤肉宛,姓名都说一半儿。所以,中国的品牌在资本主义的第二次萌芽时期,出现了一个很奇怪的现象,品牌都是半拉人名,羞羞答答。

这就是那道"李约瑟难题",为什么资本主义未在中国诞生的一个基础原因:中国人不大注重无形的东西,不注重个人创造。而资本主义的一个特征就是注重个人创造,要把个人无形的东西变成有形的资产,这才能使资本主义迅速发展起来。

唐骏谈企业管理

中国式的国际化管理需要"圆心理论",即公司总裁是圆心,所有的员工都是圆周,总裁与员工必须是等距离的。企业发展的阻力有30%源于企业自身的内耗。究其原因,总裁身边总有那么几个走得特别近的人,我们称之为圈内人,而没有加入这个圈子里的人就拼命想加入,这就造成了企业的内部政治斗争。这在外国企业是少有的。

解决这个问题的最好方法就是等距离。如果总裁对圈内某个人好,这个人固然可以对你忠心耿耿,而圈外的人就会觉得这个公司不是我的。企业的发展不能仅靠几个圈内人,需要大家的努力,所以我用"圆心理论"激发每一个员工的潜能。让他们知道,总裁是一视同仁的,对于他们所有人都很好。

在微软中国,经常有国内员工请三四个小时的假,去机场接来看望他们的父母,但在美国的管理制度中这是不允许的。我就想出一个办法,由员工自己接变成公司派人接。我用六十元委托第三方的代理公司代表微软去接他们的父母。这样既符合中国人的传统孝道,也让员工的父母感到公司的亲切、对其子女的关爱。最重要的是为公司节约了很大的成本,因为微软是以一分钟一美元计算的。

曾子墨回忆一次难忘的面试

参加摩根斯坦利的最后一轮面试时，一位分析员面无表情地与我握手寒暄后，他不动声色地发问了："如果你找到一份工作，薪水有两种支付方式，一年一万两千美元，一次性全部给你；同样一年一万两千美元，按月支付，每月一千美元。你会怎么选择？"

我心里"嘭"地一跳，这人怎么不按常理出牌啊！我搬出课本里的名词："这取决于现在的实际利率。如果实际利率是正数，我选择第一种；如果是负数，我选择第二种；如果是零，两者一样。同时，我还会考虑机会成本，即便实际利率是负数，假如有好的投资机会能带来更多的回报，我还是会选择第一种。"说完这一长串的答案，我不禁有些沾沾自喜，因为我知道回答这类问题时，相对于答案本身，思考的过程更被看重。

"一般人都说选择第一种，你还不错，考虑得很周全。"淡淡的一句点评后，他并没有就此罢休，"那实际利率又是什么呢？"

"名义利率减去通货膨胀率。"幸好经济学的基础知识还没有完全荒废，我庆幸。

"现在的联储基金利率是多少？通货膨胀率在什么水平？"

这一次，我真的被问住了！准备面试时，我就告诉自己要秉承一个原则，不懂的千万不能装懂，不知道的更不能胡编乱造。于是，我老老实实地回答："对不起，我不知道，不过如果需要，我回去查清楚后，马上打电话告诉你。"

那位分析员不依不饶又提出一个通常只有咨询公司才会问的智力测验："九个硬币，其中有一个重量和其他的不一样，你用两只手，最多几次可以找出这枚特殊的硬币？"

"三次。"我不服输地飞快回答。"还是九枚硬币，改变其中的一个条件,两次就可以找出这枚特殊的硬币,这个条件应该怎么修改?""告诉我这枚特殊的硬币比其他的硬币重还是轻。"当我再一次以飞快的速度给出了正确答案,他终于低声说了句"Good"。

据说在我的评定书上,他填写的意见是:不惜代价,一定要雇用!

弄斧必到班门

"班门弄斧"是人们耳熟能详的一句成语,是对不自量力的"拙匠"的讪笑。但你可曾听过"弄斧必到班门"这句话?这句话是数学家华罗庚教授说的,是他的为学心得。

他曾经接到联邦德国、法国、荷兰、美国、加拿大等许多所大学的讲学邀请。

他对人说:"我准备了十个数学问题,包括代数、多复变函数论、偏微分方程、矩阵几何、优选法等等。我准备这样选择讲题:A大学是以函数论著名的,我就讲函数论;B大学是以偏微分方程著名的,我就在B大学讲偏微分方程……"

啊!这可真是艺高人胆大!华罗庚好像看破别人的心思,说道:"这不是艺高人胆大,这是我一贯的主张,弄斧必到班门!"

接着他详细解释:"中国成语说:不要班门弄斧。我的看法是:弄斧必到班门。对不是这一行的人,炫耀自己的长处,于己于人都无好处。只有找上班门弄斧(献技),如果鲁班能够指点指点,那么我们进步能够快些。如果鲁班点头称许,那对我们攀登高峰,亦可增加信心。"

陶渊明传授学业之道

一天有个少年向东晋大诗人陶渊明讨教学习秘诀,陶渊明就把他拉到自己种的稻田旁,指着一棵禾苗说:"你去观察一下,看它是否在长高?"少年弯腰看了很久,回说没有。陶渊明启发说:"其实这禾苗时刻在长,只是觉察不出;读书也一样,知识是一点一滴增长的,有时觉察不出来,但勤学不辍,知识就越积越丰富,就像春天的禾苗,'不见其增,日有所长'。"少年听了,若有所悟。

这时陶渊明又带他到一块磨石前问:"磨石上马鞍似的凹面,你可曾见它是哪天磨出来的?"少年回答:"没有。"陶渊明说:"这凹面是农民长年累月磨刀的印记,是年复一年磨出来的。"少年想,磨刀与学习有啥关系?陶渊明又说:"从磨刀石又可悟出另一个道理,学习不可间断、不然就像那磨刀石,'不见其损,日有所亏',知识就会不知不觉遗忘掉。"

少年听后,恍然大悟,谢陶渊明而去。

修 炼

梁漱溟说,人一辈子首先要解决人和物的关系,再解决人和人的关系,最后解决人和自己内心的关系。就像一只出色的斗鸡,要想修炼成功,需要漫长的过程:第一阶段,没有什么底气还气势汹汹,像无赖叫嚣的街头小混混;第二阶段,紧张好胜,俨如指点江山、激扬文字的年轻人;第三阶段,虽然好胜的迹象看上去已经全泯,但是眼睛里精气犹存,说明气势未消,容易冲动;到最后,呆头呆脑,不动声色,身怀绝技,秘不示人。这样的鸡踏入战场,才能真正所向披靡。

人生不过就是提醒自己反复做一个动作:清零。一步一步走,一步一步扔。走出来的是路,扔掉的是负重。路越走越长,心越走越静,时刻谦卑,时刻低眉,时时刻刻心里有敬畏。只有这样,才能修炼成精,任你密雨斜侵,我只坐拥王城。

格林斯潘的成功秘诀

艾伦·格林斯潘曾撰文讲述了他成功的两个秘诀：

大学期间，为了支付学费，我为一个投资机构当兼职调查员。当时冷战刚开始，五角大楼大量制造战斗机、轰炸机和其他军用飞机。投资家都想预测备战计划对股市的影响，因此他们都急于知道政府对原材料的需求量，尤其是铝、铜和钢材的需求量。

不过这些数据可不容易搞到。1950年，朝鲜战争一打响，五角大楼就把所有军用物资购买计划列为保密文件。

我以前对金属市场有所了解，所以自告奋勇去当这个"侦探"，老板同意了。首先我找到1950年国会听证会的会议记录（这些资料是向大众公开的），但因为军事会议是保密召开的，我没法看到他们的记录。

怎么办？我想到了1949年的会议记录。那时朝鲜战争还没有开始，军事会议在正常听证会期间召开，记录也很详细，而通过研究政府公告和一年来的新闻报道，我知道1950年和1949年美国空军的规模和装备基本一致。于是我从1949年的记录中找出每个营有多少架飞机，每个空军联队有多少个营，新战斗机的型号、后备战斗机的数量和预计损耗量。有了这些数据，我就基本上可以算出每个型号战斗机的需求量了。

接下来我必须找出每种型号的飞机需要多少铝、铜和钢材。我找来各种飞机制造厂的技术报告和工程手册，一头扎进数字、图表和工程专业术语的海洋。渐渐地凌乱的资料中呈现出规律，政府的购买计划变得清晰了。

调查结束后，我写了两篇很长的报告，都被发表在《经济记录》报上，题目是《空军经济学》。时隔三十多年，我当上美联储主席后不久,一个曾在五角大楼工作过的同事说:"还记得你写的《空军经济学》吗?你计算出来的数字跟政府保密文件里的数字非常接近,当时吓了我们一大跳,差点就要派秘密警察跟踪你呢!"

如果你问成功的秘诀是什么?我会给你两个答案:捷径(work smart)和苦干(work hard)。比如《空军经济学》这项调查,1949年的会议记录是"捷径",在浩如烟海的资料中计算整理出各种型号飞机的数据是"苦干",这两项缺一不可。

国际报业大王谈成功经验

在国际上被称为"报业大王"的澳大利亚默多克新闻公司总经理基恩·鲁珀特·默多克先生,应上海新闻工作者协会及上海企业家俱乐部邀请,在衡山宾馆发表演说,畅谈其成功的经验。

默多克先生创业之初,于澳大利亚一个小城镇办了一份小报,现在他在澳、新、英、美经营三十余家报纸,全球著名的英国《泰晤士报》及美国《纽约时报》都已归他所有。

在这次报告会上,默多克先生谈了他成功的十点经验:

一、制订计划必须实事求是,充分考虑可能存在的困难,善于否定自己设想中的不合理部分。

二、事业开始时步子要小,由易到难,要有出现亏损的准备。

三、一旦事业开张,就要灵活机动,随机应变。

四、善于取得律师和会计师的全力合作。

五、扬长避短,致力于自己擅长的事业,决不随便分散精力。

六、始终如一地保持产品的高质量。

七、时刻站在竞争的前列,决不满足于已经取得的成就;把自己置身于竞争对手的地位,了解对方,力争抢占先机。

八、工作之余,潜心思考如何发展自己的企业,为自己树立雄心勃勃的目标。

九、努力工作,坚持不懈,妥善安排。

十、大胆、谨慎。

成功者的三个秘密

《成功》杂志的出版商达伦·哈迪曾采访过一些最著名的成功者,找出了他们创造非凡成就的方法,即超级成功者的三个成功的秘密,真是令人大开眼界。

第一个秘密也许会令你大吃一惊。按达伦的说法,他们的成功根本不是因为他们做了些什么,而是因为他们不做什么。达伦认为,说"是"很容易,但说"不"才是主要技能。达伦在采访沃伦·巴菲特时,问了他一个所有人都希望得到答案的问题:"你的伟大成功是怎样得来的呢?"巴菲特表示,他取得巨大成功的关键是:"如果说我得到过一百次巨大机会的话,有九十九次我会说'不'。"

超级成功者的第二个秘密是学会把重点放在至关重要的少数事情上面。

达伦说:"我们很多人总想掌握很多东西,想在很多方面做得很好,可结果却是我们甚至无法在几件事上面做到最好。请看看奥林匹克运动员、诺贝尔奖得主或爱因斯坦吧,他们都只是在几件事上堪称世界一流,而在其他方面都是很平庸的。"

他补充说:"其实,你只需在一些至关重要的事情上做得出色或优秀,就能够创造巨大的成功了。"

什么才是至关重要的事情呢?唯一只有你才能做到的三件至关重要的事情是什么呢?对你工作成功贡献最大的是哪三件事情?如果你花时间把它们写下来,就能迫使你把注意力的重点放在每天都应该做的事情上面。

超级成功者的第三个秘密是他们形成了无意识的成功习惯,正如亚里士多德所说:"我们即是我们反复在做的东西。"

达伦解释道:"当你重复一个动作时,这能够成为一种无意识的习惯,这种做法形成了一种被称之为神经信号的东西。它实际上是在燃烧脑沟的力量。你每次做事情的时候,就会增强这个脑沟的能量。"

最后,达伦总结说:"如果有人问我,我应该把我的成功归功于哪一件事,那么我会说是保持始终如一的能力,只有保持始终如一,才能创造动力。"

给儿子的赠言

这是诺贝尔文学奖得主、英国作家拉雅德·吉卜林写给他十二岁儿子的赠言:

如果在众人六神无主之时,你能镇定自若而不是人云亦云;

如果被众人猜忌怀疑时,你能自信如常而不去妄加辩解;

如果你有梦想,又能不迷失自我,有神思,又不至于走火入魔;

如果在成功之时能不喜形于色,而在灾难之后也勇于咀嚼苦果;

如果辛苦劳作已是功成名就,为了新目标依然冒险一搏;

如果你跟村夫交谈而不变谦恭之态,和王侯散步而不露谄媚之颜;

如果他人的意志左右不了你,与任何人为伍你都能卓然独立;

如果骚扰动摇不了你的信念——

那么,你的修养就会如天地般博大,而你,就是一个真正的男子汉,我的儿子!

磨　砺

给自己插一根竹签

一个年轻人大学毕业后，想尽办法也找不到工作。他的父亲说："没事干就跟我去挖沙卖吧。"年轻人不甘心，说："我读大学，不是为了挖沙的，我要等待机会。"

机会不是容易等到的，年轻人在家百无聊赖。他看见爸爸种了南瓜可没空管，就想：我管管这几棵南瓜吧。从此，年轻人天天去照料南瓜，施肥、浇水、灭虫、除草，有时还拿放大镜去观察。有人取笑说："年轻人，人家养儿子都没有你种瓜细心。"年轻人说："我要种出一个特大的南瓜来给你们看。"

在年轻人的精心照料下，他的南瓜藤长得非常茂盛，瓜藤粗壮得让人不敢相信是南瓜藤。可奇怪的是，那些茂盛的南瓜藤迟迟不结果实。千盼万盼，终于盼来一个小果实了，立刻重点保护，可那个小南瓜却不争气，长到拳头大就不再长，天天皱缩，最后在藤上烂掉了。年轻人以为是肥力不足，他又给南瓜重重地施一次肥。施了肥后，结出的瓜依然无一例外地"幼年夭折"。年轻人问父亲："为什么瓜藤那么好，却结不成瓜？"父亲说："你用竹签从瓜藤中间插过去，以后结的瓜就不会烂了。"

年轻人拿一把竹签到瓜地，可刚插了一根就下不了手。自己费尽心思才种出这么好的南瓜藤，为什么要刺伤它们呢？再说，完好的藤都结不成瓜，受伤的藤怎么能结成瓜呢？年轻人怀疑父亲故意捉弄他，他干脆把剩下的竹签丢掉了。

插了竹签后的那棵南瓜叶子渐渐转黄，长势明显追不上别的南瓜。年轻人好几次想把瓜藤上的竹签拔掉，但最终还是没有拔。出人意料的是，这根受伤的南瓜藤结出的南瓜不但不再烂掉，而且长得飞快，最后竟有脚盆那么大，足足十五公斤重。而那十几棵没有插竹签的南瓜，只长了一堆藤叶，秋天过去了，依然一无所获。

年轻人问父亲："为什么那些好的瓜藤都结不成瓜，这根受伤的瓜藤反结出了一个大瓜呢？"父亲说："这有什么好奇怪的。瓜和人一样，肥料下得足不一定有用，不如受点磨难吃点苦更磨炼人。"

年轻人恍然大悟，从此，他不再坐等机会，到省城参加人才见面会，在一次次应聘、面试、失败中总结经验教训，终于找到了一份工作。

是的，人生路上，我们不会都那么一路风顺，但只要我们勇于在逆境中磨砺，将自己这根"瓜藤"插上一根竹签，通过不懈的努力，就一定能向更高的人生目标迈进。

勤　奋

别迷失在"成功故事"中

有个读小学的孩子，尽管平日说话做事显得很机灵，可学习并不用功，于是，学习成绩不免受到影响。对此，孩子的家长不以为然，依然很自信，自信孩子智商高，以后一定会赶上去。因为放任自流，缺乏对孩子的严格教育和正确引导，孩子成绩每况愈下便成了必然的趋势。人们不禁要问：这个家长的自信源于什么？难道仅仅是因为"智商高"？后经了解，原来他听信了爱因斯坦孩提时的"故事"。

殊不知，这个传说中的故事，是以讹传讹的产物。真实的情况是：爱因斯坦在上小学时学习成绩优异，并不是劣等生。这个说法之所以会流行，是因为每个人都喜欢这样的故事——小时候学习不好，长大后同样可以取得伟大的成就。但是令很多家长"失望"的是，爱因斯坦十二岁就开始自学微积分了。

有识之士直言不讳："不要痴迷于从阅读成功人士的传记中寻找经验。这些书大部分经过精致包装，很多重要事实不会告诉你，盖茨的书不会告诉你他父母是 IBM 董事，是他们给儿子促成第一单大生意；巴菲特的书只会告诉你他八岁就知道去参观纽交所，但不会告诉你是他国会议员的父亲带他去的，由高盛董事接待的。"

英国剑桥大学对本校毕业的曾获诺贝尔奖的专家进行过调研,结果显示:他们并非天才,中学时代学习勤奋努力;大学时代大多也是埋头学业,成绩优异;工作后仍是兢兢业业,钻研不止。

不要轻易相信别人的"故事",不要太相信聪明,相信取巧和走捷径,只需在乎自己的判断,在乎勤奋、毅力等"大道理"。

你有什么条件赢别人

一家批发商行同时聘请了约翰和吉姆,他们俩是同届毕业生,工作上都非常卖力。约翰获得老板的赏识,几年内一再被提升,从业务员升到了业务主管;而吉姆好像被遗忘似的,一直都是业务员。

有一天,吉姆终于忍不下这口气,向老板提出辞职,大胆说出老板没有用人的才能,辛苦的员工没有获得奖励,只会偏袒拍马屁的人。老板听完,知道这几年来吉姆非常卖力,不过就是少了一样东西。为了让吉姆深刻了解自己和约翰的差距,老板出了一个题目。

老板是这么说的:"或许我真的有些眼拙,不过我想证实一下,你现在到市场看看有没有人卖西瓜。"

吉姆很快来到市场找到卖西瓜的人,回到商行禀报。老板问:"他们的西瓜一公斤卖多少钱?"吉姆不知道,只好又跑到市场去问那个卖西瓜的,然后回到商行交差。

这时老板告诉吉姆:"你休息一下,你看看约翰是怎么做的。"

老板给约翰出了同样的一道题目。过了不久,约翰回来报告说:"老板,市场我都找遍了,只有一个摊贩在卖西瓜,一公斤卖两元,十公斤特价十元,库存还有三百四十个,市场上还剩五十八个,每一个大约有五公斤,前两天才从农场采运上来的,全部都是红肉西瓜,品质上还不错。"

一旁的吉姆听了感到很惭愧,终于明白了自己和约翰之间的差别。

　　别人比你成功，并没有什么大秘诀，只是比平常人多想、多看、多了解而已。同样一件事情，别人看到了几年以后，你只是看到明天，一天和一年的差距有三百六十五倍，你有什么条件赢别人？

求 败

不要赢

新结识一个快人快语的女子，在单位里做部门主管，压力很大，却总是精神饱满、开朗快乐，上下左右都处得好，大家都喜欢跟她做，成绩有条不紊地出来。

熟了，就向她请教快乐的秘诀。

她笑：真是有秘诀呢，三个锦囊。第一，同事提拔不眼红；第二，天塌下来自有高个子顶；第三，和老公吵架不要赢。

三个秘诀，精髓实乃三个字：不要赢。

竞争年代，谁肯落在人后，机会来了争着上，开总结会时抢头功，就连说话，也不容别人先开口，心气急躁得要流鼻血。有几人能如这女子，守住一种单纯的心态，不惦念输赢，只管认真做好自己那一份工作，结果，一边给自己解了压，一边于声色不动中露了头角。

"不要赢"何止是和老公吵架的杀手锏，明明就是护佑人生的一个大智慧。

缺点变优点

善用丑的特性

一般的励志、职场书籍都会告诉我们,要发扬优点、改掉缺点。但多数人受制于先天条件,很难改掉身上的缺点。可如果缺点像我们的长相那样,实在改不了,难道就只能束手无策,注定沦为职场输家?

天无绝人之路,总会有别的办法。如果能把缺点转化为优点,再进行好的"个人包装",缺点反而成为提升竞争力的利器。

许多年前,台湾滚石唱片公司准备推出赵传的首张专辑。赵传的歌艺不在话下,但问题在于此君其貌不扬。怎么办?做造型?加特效?送去做整形美容?都不行。唱片公司干脆反其道而行之,充分利用他的长相这个大缺点,以主打歌曲《我很丑,可是我很温柔》塑造出歌手强烈的个人风格。果然,赵传由此一炮而红。歌迷也不嫌他丑,反而喜欢他的丑所带来的独特风格。

美国总统林肯也以丑出名。他不自卑,反能善用丑的特性。就竞争对手指责他是"两面人",他自嘲说:"我如果有两张脸,我会拿这张脸出来见人吗?"一句话就化解了政敌的攻击。

成功就是打个洞

20世纪初叶，美国史古脱纸业公司买下一大批纸，因运送过程中的疏忽，造成纸面潮湿产生皱折而无法使用。

面对一仓库无用的纸，大家都不知如何是好，在主管会议中，有人建议将纸退回供货商以减少损失，这个建议获得所有人的附和。

该公司负责人亚瑟·史古脱却不这么想，他认为不能因为自己的疏失而造成别人的负担。但这批纸放在仓库中实在让他大伤脑筋，他一直想着怎样去利用这批旁人眼中毫无用处的瑕疵品。

经过了好一阵子的思考与实验，最后他想到在卷纸上打洞，变成容易撕下成一小张一小张的。

史古脱将这种纸命名为"桑尼"卫生纸巾，卖给火车站、饭店、学校等，没想到放置于厕所中后，却因为相当好用而大受欢迎，并慢慢普及到一般家庭中，为公司创下了许多利润。也使卫生纸成为你我生活中不可或缺的物品。

这个事例告诉我们，有时，成功仿佛只需在失败之上打个洞。其实，很多事例都是如此，只要认识自己的不足，认识自己与别人的差距，就完全有可能把自己的成功就建立在原先的不足之上。比萨斜塔有着设计错误，然而聪明的人并没有重新修改它，它反倒成了世界著名的观光地点。一张印错或是邮戳盖错的邮票，多年之后也许会成为珍邮。

成功者不是天生就能成功的，只是从不放弃，及时反省，尽可能地化腐朽为神奇，乃至把成功建立在自己人生的短处之上。这样，就如同在纸上打个洞，成功便属于你了。

扬长避短

美国柯达公司在制造感光材料时,需要有人在暗室工作。但视力正常的人一进入暗室,犹如司机驾驶着失控的车辆一样不知所措。针对这种情况,有人建议:盲人习惯于在黑暗中生活,如果让盲人来干这种工作,一定能提高工作效率。于是,柯达公司经理下令:将暗室的工作人员全部换成盲人。

在暗室里工作,盲人远远胜过正常人,真可谓善于用人之短。柯达公司巧用盲人这一行动不仅提高了劳动生产率,给公司增加了利润,而且给公众留下了不拘一格"重用人才"的良好印象。很多优秀的大学生、研究生和专业人才都争先恐后地到柯达公司效力。

世上有高峰必有深谷,我们只能找到适合做某项工作的人才,很难找到完美无缺的全才。与人类已有的知识、经验、能力的总和相比,任何伟大的天才都只是沧海之一粟。

一位哲人说得好:"垃圾只是放错了地方的宝贝。"让好吹毛求疵的人去检查质量,让争强好胜的人去冲锋陷阵,让好出头露面的人去搞公关……就有利于这些人扬长避短,使短处转化为长处。

事业要发展,不仅要善于容人之长、用人之长,而且要善于容人之短、用人之短。日本的川口寅三在《发明学》一书中提出了"善用缺点"的主张,并强调说:"甚至可以认为,人类能取得多大的成就与能否巧用缺点有关。"

改变命运的一句话

有一个叫圣安·玛莉娅的女孩,出生于英国南部一个贫困家庭。两岁时,她的左脸上长了一颗十分难看的黑痣。自此,人们歧视的眼光时时向她射来,令她痛苦不堪。幸好她对读书有着浓厚的兴趣,在她看来,只有徜徉于书海,才能抛却萦绕于四周的那些冷漠眼光和可怕的孤独感。

一天,牛津大学的一位著名教授意外地发现了这个正陶醉于书海中的女孩。他情不自禁地对随行的人和聚拢在四周的农人说道:"简直不可思议,这个小女孩双目炯炯有神,智慧一定非凡过人,将来定是这个小镇上最有出息的人。瞧她脸上的那颗痣,就是她日后卓然不凡、超群脱俗的标志。"这句话传开后,小女孩的命运发生了戏剧性的变化,她的父亲格外疼爱她,而先前那些歧视和冷漠的目光也换成了艳羡的眼光,甚至还有富人主动出钱,给她提供最好的求学条件。

小女孩也像换了一个人,变得格外勤奋和自信起来。她获得了剑桥大学博士学位,日后又成为英国著名的高等学府——爱丁堡大学最年轻的女教授,并成为一名资深的年轻社会活动家,同时还担任了伦敦市长助理一职。

人,本身就是一座难以估量的、蕴藏丰富的矿山,要最快捷、最充分地发掘它,有时只需要师长或朋友一句真诚的赞语。

弱者也能赢

弱者反而最易赢

美国《数学月刊》曾刊载一道有趣的数学题。三名男子参加一场投镖游戏。每个人都用飞镖去攻击他人的气球。气球被戳破的要出局，最后幸存的是胜者。三人水平不一，老大、老二、老三的命中率分别是80%、60%和40%。如果三人一起角逐，谁最有可能获胜？答案看似简单——水平高的赢，实则不然。一种结果是，每个人都计划把另外两个对手中的强者干掉，结果，老大专攻老二、老二、老三全攻老大，其结局是水平最高的老大最易出局，水平最差的老三最安全；另一种局面是，三人中的某个人搞私下"联合"或者"震慑"，其结果又会有所不同了。如果是两个人比赛，问题非常简单；如果是三个人，那么问题就不知道复杂了多少倍。

强者永远会赢，弱者永远会输吗？美国《数学月刊》的趣味题告诉我们，在一群人中，强者、弱者的输赢都会存在若干变数。面对一群强者，弱者反而有更多的周旋空间。

天空才是我的极限

柯教授的女儿二十六岁，只有十岁孩子的高度，她的脊椎在出生不久后就开始弯曲,脊椎压迫所产生的各种并发症,让她每周都得上一次急诊室,留下了耳朵重听的毛病,发育也比一般孩子迟缓,学习上存在障碍。然而,夫妻俩却明白,该承担的责任不能逃避,于是耐心地教导着孩子。

她虽然学得比一般孩子慢,却凭努力得到了美国唯一的全球高中生杰出金牌奖,念了美国的韦斯利大学,进入最知名的会计师事务所工作,后来又到哈佛进修硕士。

柯教授说,我要看到她的能力,而不是她的障碍。

他的女儿说,只有天空才是她的极限。

善于用人

韦尔奇的"活力曲线"

在一次全球五百强经理人员大会上,杰克·韦尔奇与同行们进行了一次精彩的对话。

有人说:"请您用一句话说出通用电气公司成功的最主要原因。"

他回答:"用人的成功。"

有人说:"请您用一句话来概括高层管理者最重要的职责。"

他回答:"把世界各地最优秀的人才招揽到自己的身边。"

有人说:"请您用一句话来概括自己最主要的工作。"

他回答:"把50%以上的工作时间花在选人用人上。"

有人说:"请您用一句话说出自己最大的兴趣。"

他回答:"发现、使用、爱护和培养人才。"

有人说:"请您总结一个重要的用人规律。"

他回答:"一般来说,一个组织中,20%的人是好的,70%的人是中间状态的,10%的人是差的。这是一个动态的曲线。一个善于用人的领导者,必须随时掌握那20%和10%的人的姓名和职位,以便实施准确的奖惩措施,进而带动中间状态的70%。这个用人规律,我称之为'活力曲线'。"

有人说:"请您用一句话概括自己的领导艺术。"

杰克·韦尔奇回答:"让合适的人做合适的工作。"

团队精神

成功在于合作

在澳大利亚,有一个鱼竿和鱼篓的故事广为人知。

两个年轻人外出旅行,因为迷路而到了一个人迹罕至的地方。绝望之时,他们遇到一个老人。老人手里拿着一根钓鱼竿和有一些鱼的鱼篓。他们立即向老人求救。老人说,从这里走出去至少有七天的路程,我手里的两样东西分别送给你们,请你们自己渡过难关。年龄大些的要了鱼篓,年轻一些的拿了钓鱼竿。

最后,拿了鱼篓的那个人仅走了一半的路程就把鱼吃光了,饿死在了路上。另一个人拿了鱼竿后就寻找能钓鱼的地方,在距离有鱼的地方十几公里时,也饿死在了路上。

多年后,又有两个年轻人同样因为迷路而到了此地,同样在他们山穷水尽的时候,遇到了一个老人,老人手里依然是这两样东西:钓鱼竿和有一些鱼的鱼篓。

他们商量,两个人的力量和智慧肯定比一个人大,我们共同吃着这些鱼去寻找钓鱼的地方,边钓鱼边向有人烟的地方靠近就有救了。

果然,在鱼篓里的鱼将要吃尽的时候,他们找到了钓鱼的地方,而后,他们把钓的鱼晒成鱼干。十几天后,两人成功地从死亡之地突围。

澳大利亚人把这个故事作为他们民族的座右铭,告诉自己的子孙：合作可以把成功无限地放大，自私狭隘只会毁掉前程。

失误归领导，功劳归团队

2008年，在美国费城的沃顿印度经济论坛上，印度总统阿卜杜尔·卡拉姆演讲的题目是《领导怎样处理失误》。有记者问："你能从自身的经历中举例说明领导该如何处理失误吗？"

卡拉姆回应道："让我来告诉你我的一段经历吧。1973年，我有幸成为印度卫星运载火箭项目的总指挥。我们的任务是在1980年之前将罗西尼号卫星成功送入轨道。

"到了1979年8月份左右，我想我们已经做好了准备。作为总指挥，我去了控制中心来指导整个发射过程。计算机开始了各种技术指标的安检，一分钟后，计算机程序显示，有几个控制部件没有按顺序放好。在场的五个专家中，有一位告诉我不必担心。他们已经进行了严格的计算，备用的燃料也很充足。于是，我没有在意计算机的检查结果。通过手动操控，火箭发射了。第一阶段，一切正常。第二阶段，出现一个问题。卫星非但没有飞向轨道，反而猛冲进孟加拉海湾。一次重大的科研事故！

"那一天，印度空间研究组织的主席哈万教授只身一人召开了一次新闻发布会。他说，每个人都非常努力，但是他给予的技术支持还不够。你要知道，这完全是我的失误，但是他作为一个主席，独自承担了责任。

"团队的每个人仿佛注入了一股新的力量。第二年7月份，我们又一次发射了卫星。这一次，我们成功了，举国上下，一片欢腾。又一次，我们召开了新闻发布会。哈万教授把我叫到一边，悄悄地对我说：'今天，你来主持会议。'那一天，我学到了至关重要的一课。当出现失误时，团队的领导要勇于承担。当成功来临时，请把它赋予整个团队。

这是我从任何书本上都学不来的道理。"

一字之差

一次人事考察中的被考察对象A和B是两个工作业绩都非常出色的青年干部。平心而论,两个人的学历、工作能力不分上下。这可难坏了考察组的同志,但是组织要求很明确,只能在两者中间选一人。在考察会上,最后有个人说:"我谈一点,不知道算不算缺点。在年终的总结和评先荐优时每当谈到部门取得的成绩和荣誉,A总是以'我们'做主语,把集体的智慧和力量放在首位,总是很谦逊地把成绩和荣誉归功于集体,从不突出自己的成绩和力量;但是B无论何时总是以'我'做主语,尽管他能力和业绩确实很强,但处处突出个人,把自己放在显要位置。"

最终,经过组织研究决定,A被提拔为分公司负责人。组长在总体评价一栏中写道:"尽管'我们'和'我'只有一字之差,但反映出了两种迥然不同的处世态度,一个把自我置于集体之下的人,拥有的不但是一种谦逊的胸怀,而且是一种庄重的责任,这种责任是人生的稀有矿藏,却常常让人生因此圆满,不断走向成功。"

挖掘潜能

一杯水的容量

在这个月公司的销售总结会上,几个部门主管大倒苦水,反映本部门业务难以开展,理由种种,均有道理。看着各部门交上来的销售记录,总经理紧锁眉头,低头不语。过了一会儿,他吩咐秘书拿来一杯水。杯里的水满满的,清澈见底。总经理问:"现在谁能告诉我,这杯水满了没有?"大家疑惑不解。

这时,设计部主管非常确定地说:"还有两毫米!""非常正确,还有两毫米,现在我们请在座的任意两位上来,将这些回形针放入杯中。"总经理再次提出了要求。尽管都不明白,还是有两位同事勇敢地接受了挑战。两人你一个我一个地往水杯里放。水上升了一毫米时,两位同事犹豫了,担心水会溢出来,动作也越来越慢,每放一个就低头瞧一下,终于水满了,两位同事停住了。"不能再放了吗?"面对总经理的疑问,两位同事及在座的各位部门主管都肯定地回答:"不能再放了!""你们继续放,试一试!"在总经理的鼓励下,两位同事再次抬起手,非常小心地放了一个。咦?水居然没溢出来。再放一个,还是没溢出;再试一下,水,明显高出杯沿一毫米,但仍然没溢出来。大家充满惊奇。"一个、两个……八十个……"大家情不自禁地数起数来。一杯水明明看着已经很满,却仍有容纳上百个回形针的空间。我们在遇到问题时,太容易向困难低头,其实每个人的潜能都是深不见底,应该大胆去尝试!大家似乎明白了总经理的良苦用心!一杯水的容量,掀起了我们新一轮的销售高潮!

细节决定成败

成败一口气

这是发生在我国筹备2008年北京奥运会过程中的一个小插曲。

奥运会使用的祥云火炬将要在世界五大洲的一百三十五个城市传递，为了确保火炬在传递过程中不会熄灭，专家们进行了精心严密的研究。

考虑到火炬传递中最大的难题就是被风吹熄，研究人员为火炬设计出了抗风力的特殊装置。在实验室，这种火炬点燃后能够在每秒三十公里的风速中顺利燃烧而不会被吹灭。也就是说，在自然条件下，这种火炬可以抵御八级大风。而事实上，在将来传递的过程中遇上如此大的风的可能性几乎为零。

这种让所有人看好的火炬被北京奥组委呈交给国际奥委会接受检验。一名国际奥委会官员兴之所至，对着自己手中熊熊燃烧的火炬吹了口气，一个令所有在场的人都目瞪口呆的事情发生了——火炬竟然在一瞬间被那一口气吹灭了！

能抵抗八级大风的火炬竟不能抵御人吹出的一口气，研究人员在懊恼之余几乎不敢接受这个现实。回到实验室检测的结果是，尽管人吹一口气的风速只有每秒二十五公里，在火炬承受的范围，但是，因为气流是在一瞬间吹出的，它所产生的加速度就大得惊人，简直和飓风不相上下。平日谁都不在意的轻轻一口气，竟然蕴藏着令人难以想象的威力,这个结果让专家们颇感意外。当然,因为找到了问题的症结,改进的火炬很快就重新被设计出来。

阴沟里翻船,往往是因为小处的疏忽所致。

洗手的时间

莫克和十多个应聘财务经理职位的人来到一堆生产垃圾旁,招聘负责人说:"给你们半个小时,将这堆垃圾装到车上。"

莫克和其他应聘人心里都明白,周围有好几辆铲车,都是装运垃圾的。现在不用铲车用人力装运,肯定是一个测评项目。莫克前天的专业知识考核和面试都是第一名,而对于眼前这种体力劳动他更是一点都不怵,他自小就干活。

十多个人,拿到铁锹后,争先恐后往车上铲垃圾。

半个小时的工作量,二十分钟就完成了。招聘负责人说:"大家洗洗手,然后到会议室等。"

洗完手,大家到会议室集中。

过了一会儿,招聘负责人微笑着又出现在大家的面前。

"叶林敏,洗手时间三十一秒;胡伟民,洗手时间三十九秒;周锋,洗手时间二十八秒……"

原以为财务经理一职非自己莫属,可莫克眼睁睁地看着这个职位被另一个人夺走了!因为,招聘负责人微笑着对莫克说:"你洗手时间共花去五十六秒。按水龙头的出水流量,如果你一天洗三次手,公司一天要支付八分钱水费,一个月按二十二个工作日计算,共需支付七元一角六分。经专家认证,一般情况下,一次洗手时间二十五秒足够了。老板认为,你不仅洗手时间过长,更关键的是,每月起码浪费水费八角八分。的确,你的专业知识很扎实,但是……"

也许,这就是细节决定成败。

先学做人

半截铅笔

那年某市举行公开招录国家公务员的考试。第一场考试,这位青年人过了关。接下来考的是"专业知识和公共道德"。

进入考场后没多久,监考老师突然大声说:"各位,你们有谁带多了2B铅笔吗?请借一支给这位考生用一下。"那是一个中年人,正在焦急地环顾着整个考场,盼望着哪位好心人伸一下援助之手。但是没有一个人答话。监考老师第二次询问:"各位,发扬一下爱心,借支铅笔给这位考生吧!"沉默的教室里,寂静无声。监考老师第三遍询问过后,只见这位青年人用力折断了手中的铅笔,把其中的半截递给了那个中年人。

考试结束后,这位青年人碰到了一位同样来参加考试的同学,他向同学提到了那个中年人借铅笔的事,谁知同学竟然瞪大了眼:他们那个考场也有一个借铅笔的,但没人借笔给他。

到了公布面试人员名单时,只剩下四十多人。主持面试的考官竟然就是考场上向这位青年人借铅笔的那个中年人!原来,那个借铅笔的中年人就是市招录办的工作人员;而第二场考试真正考的是一个国家公务员必须具备的奉献精神和大公无私的博爱精神。因为那半截铅笔,这位青年人正式成为一名国家公务员。

先做人后做事

对成功,唐骏有着自己独特的理解:"一个成功的人,应该是先做人,后做事,偶尔作秀。"

唐骏刚进入微软时,只是一个写源代码、编软件的普通工程师,如何才能出人头地?唐骏从普通经理到总经理的转变非常具有戏剧性。他只做了一件事。当时跟唐骏一起工作的另外一个部门经理,职位比他稍高一点,他们之间的工作关系很好。唐骏用中国人的柔情的方式跟她沟通感情,逢年过节送张卡片,生日时请她吃饭。但这位经理很不走运,由于公司内部斗争,尽管她没有犯什么错,但她一下子从总监变成了普通员工。

俗话说"人走茶凉",但那位经理还没有走,茶已经凉了——很多过去跟她接触的人都远离了她。唐骏没有远离她,还是跟以前一样,不断给她发信息、写邮件,请她出来吃饭。这些并不是唐骏刻意有所图谋,而是他做人的原则,他不会因为对方职位的高低而改变对他人的看法。后来,那位经理过去的老板到微软做了公司副总裁,于是她的职业春天就来了,成为高级总监。当微软决定在中国发展,唐骏去应聘中国区总经理时,这位高级总监居然就是五人选拔委员会的成员之一。当时微软内外有近百人应聘,唐骏只是其中一个,最后他成功了。其实唐骏什么都没有做,只是坚持了做人的基本原则——他根本没想到这位经理会东山再起,还会另有职业的春天。

言行就是"介绍信"

一位知名企业的总经理登了一则广告,他想要雇一名助理。一时间,应征者云集,最后他却挑中了一个毫无经验的年轻人。他的一个朋友问道:"你为何选中他? 他既没有介绍信,也没人推荐,而且毫无经验。"

"你错了,"总经理告诉他的朋友,"他带来许多介绍信。他在门口蹭掉脚下的土,随手关上了门,说明他做事小心仔细;当看到那位前来应聘的残疾青年时,他立即起身让座,表明他心地善良、体贴别人;进了办公室他先脱去帽子,回答我提出的问题时干脆果断,证明他既懂礼貌又有教养;其他人都从我放在地板上的那本书上迈过去,而他却拾起那本书并放回桌子上;和他交谈时,我发现他衣着整洁,头发整齐,指甲干净。难道你不认为这些细节是极好的介绍信吗? 如果一个人连这些修养都不具备,那么有再多的经验和介绍信又有什么意义?"

天使为什么能飞翔

在一家医学院学习的梅子和她的另外五位室友到同一所医院实习。但没有多久,一个问题残酷地摆到六姐妹面前,这所医院最后只能留用其中一人。

这天,六姐妹都突然接到一个相同的紧急通知,一名待产妇就要生产,医院需要立刻前往她家中救治。六姐妹急匆匆地上了急救车。一名副院长、一名主任医生、六名实习医生、五名护士同时去抢救一名待产妇,如此隆重的阵势让六姐妹都感觉到一种前所未有的紧张。有人悄悄地问院长,是什么样的人物,需要这样兴师动众? 院长简单地解释道:"这名产妇的身份和情况都有些特殊,让你们都来,也是想让你们都不要错过这个机会,你们可都要认真观察学习。"

待产妇家很偏僻,急救车左拐右拐终于到达时,待产妇已经满头大汗。医护人员七手八脚把待产妇抬上急救车后,发现了一个问题,车上已经人挨人,待产妇的丈夫上不来了。人们都下意识地看着副院长。副院长低头为待产妇检查着,头都未抬地说道:"快开车!"所有人都怔住了。这时候,梅子突然跳下了车,示意待产妇的丈夫上车。急救车风驰电掣地开往医院。等梅子气喘吁吁赶回到医院的时候,已经是半小时后了。在医院门口,她被参加完急救的副院长拦住了,副院长问她:"这么难得的学习机会,你为什么跳下了车?"梅子擦着额头的汗水回答道:"车上有那么多医生、护士,缺少我不会影响抢救。但没有病人家属,可能会给抢救带来影响。"

三天后,院方的留用结果出来了,梅子成为幸运者。院长说出了理由:"三天前的那一场急救是一场意外的测试。将来无论你们走到哪里,无论从事什么职业,都应该记住一句话,天使能够飞翔,是因为把自己看得很轻。"

成功的另一种哲学

央视"挑战主持人"节目进入到十六选十环节的第七场比赛时,有四位选手参与了角逐。一轮比赛以后,一个女孩被淘汰出局。剩下的三个选手无论相貌、谈吐以及心理素质都难分伯仲。其中有个女孩的身材特别高,穿着平跟鞋还比同台的女孩高出许多,然而美中不足的是,站姿不是很舒展,给人一种非常拘谨的感觉。

第二轮的比赛选手要分别以央视的节目主持人阿丘为嘉宾制作一期访谈节目。前两名选手的从容发挥已赢得了观众阵阵热烈的掌声。最后出场的是那个高个子女孩。现场一片寂静。显而易见,如果她没有特别光彩照人的表现,出局或许已不可避免。高个子女孩努力平静了一下情绪后,出人意料地与个头不高的阿丘讨论起身高:"谈论这个话题的时候,其实心中是很犹豫的。观众都能看得出来,我身材很高。但是观众不一定知道,这么高的一个主持人,特别还是一个女主持人,选搭档是一件挺难的事情。所以从参加比赛一直到现在,我养成了一个特别不好的习惯,就是一直含着腰,虽然我知道很难看,但是我觉得这样可能会让我降低一些身高,让我与同伴的合作更加和谐……"

节目录制现场忽然变得鸦雀无声。看得出那番话感动了观众与评委,为她深沉而细腻的责任感。接下来的比赛已不再重要,最终,高个子女孩成了胜利者。

追求成功是一件很崇高的事情,但是并不能仅仅依靠天分、机遇和运气。每个人都有自己的优势,但很少有人去思考优势与成功的关系。高个子女孩没有全力追逐甚至尽量淡化自己的优势,以自己的主持艺术向我们诠释了成功的另一种哲学:平和与包容。她的名字叫张宇,年仅十九岁,身高一米七八。

信任他人

利用他人的思维

斯堪的那维亚航空公司曾有一段时期要在准点方面成为欧洲第一,该公司的总经理简·卡尔岑不知该从哪里着手,便四处寻找,最后他发现了一家单位,认为由他们负责这件事最适合不过了。于是,卡尔岑找到这家单位的领导,对他说:"我们想在正点飞行方面成为全欧洲第一,需要做哪些工作,多长时间?你考虑一下,过一两个星期来见我。"

一个星期后,那个人果然来找卡尔岑,说能够做到,大约需要六个月时间、一百五十万美元,卡尔岑立即说:"很好,那就开始干吧。"那人大为吃惊,说:"我想向你汇报一下,我们打算怎样干。"卡尔岑说:"怎么干都行,我不在乎。"大约四个半月后,那人打电话向卡尔岑汇报——他的工作已使斯堪的那维亚航空公司赢得了第一,他们只花了一百万美元,还有五十万美元的节余。

对于这件事,卡尔岑很有感触地说:"假如我去找他,拍拍他的肩膀说:'你看,我希望你能让我们公司在正点飞行方面成为欧洲第一,给你两百万美元,我要你如此这般地去做。'六个月后他就会来见我,对我说:'我们已遵照你的指示做了,取得了一些进展,但我们还没有完成任务,大致还需要三个月左右时间,还需要再花一百万美元……

然而,这一切并没有发生。"

有一种美丽叫信任

  一个冬日的傍晚,上海大众出租车公司司机孙宝清在浦东接到一位要去浦西赴宴的客人。车进隧道不久,客人突然要求掉头。孙宝清解释,隧道里不能掉头,掉头只有到浦西再说。客人告诉他,出门时换了裤子,身上没有带钱。如果到浦西再掉头,赴宴就来不及了。孙宝清笑着回答,没关系,我可以免费送你去。

  车到饭店,孙宝清递过三张大众乘车证给了这位客人,并告诉他,身边没有钱,回来可以按上面的号码打电话,让大众出租车接你。这三张票子可以抵付三十元车费,即便不够用,大众司机也会送你回去。

  孙宝清两天后被聘请到纽约银行上海分行担任行长的司机。原来那个晚上坐车要掉头的客人就是纽约银行上海分行的行长。

信任的力量

  有一个年轻人好不容易获得一份销售工作,勤勤恳恳干了大半年,非但毫无起色,反而在几个大项目上接连失败,而他的同事个个都干出了成绩。他实在忍受不了这种痛苦,惭愧地对总经理说,可能自己不适合这份工作。"安心工作吧,我会给你足够的时间,直到你成功为止。到那时,你再要走我不留你。"老总的宽容让年轻人很感动。他想,总应该做出一两件像样的事来再走。于是,他在后来的工作中多了一些冷静和思考。

  过了一年,年轻人又走进了老总的办公室。不过,这一次他是轻松的,他已经连续七个月在公司销售排行榜中高居榜首,成了当之无愧的业务骨干。原来,这份工作是那么适合他!他想知道,当初老总为什么会将一个败军之将继续留用呢？

"因为，我比你更不甘心。"老总的回答完全出乎年轻人的预料。老总解释道："记得当初招聘时，公司收下一百多份应聘材料，我面试了二十多人，最后却只录用了你一个。如果接受你的辞职，我无疑是非常失败的。我深信，既然你能在应聘时得到我的认可，也一定有能力在工作中得到客户的认可，你缺少的只是机会和时间。与其说我对你仍有信心，倒不如说我对自己仍有信心。我相信我没有用错人。"

给别人以宽容，给自己以信心，就能成就一个全新的局面。

寻找最佳方案

邮寄砖头

1916年,美国犹他州的小镇弗纳尔要修建一座砖砌的银行。镇长买好了地,备好了建筑图纸。万事俱备,只差砖还没有着落。

就在一切仿佛进展得都十分顺利的时候,问题出现了:从盐湖城用火车运砖过来,每磅要2.5美元。这个昂贵的价格将使整个工程化为泡影。

正在大家束手无策之际,一个商人想出了一个一般人想不到的主意,而且特别简单——邮寄!

邮寄包裹每磅邮费是1.05美元,比火车便宜了一半多。更为有趣的是,邮寄和原本打算运砖的火车是同一趟列车。就是这么一个货运和邮递之间的价格差异,使修建银行的命运截然不同了。

几周之内,邮寄砖的包裹源源不断地涌入小镇。这样,费纳尔的居民很骄傲地拥有了他们的第一家银行,一家全部是用邮寄过来的砖头盖起来的银行。

这件邮寄砖头的趣事,被西点军校作为案例选入了教材,以此来教育学员:不仅要有达到目的的愿望,还要寻找好的方法,寻找实现目标的最佳途径。这件邮寄砖头的趣事还被西点军校用来诠释一条校训:要保持"头脑简单",敢于去干所谓"办不到"的事情。

眼 光

不同的眼光

英国和美国的两家皮鞋工厂各自派了一名推销员到太平洋上的某个岛屿去开辟市场。两名推销员到达后的第二天,各自给自己的工厂拍了一封电报回去。

英国人的电报是:这岛上没有人穿鞋子,我明天搭第一班飞机回去。

美国人的电报是:好极了,我将住在此地,这个岛上没有一个人穿鞋,这是一个潜在的市场。

投资于人

我认识的一个收藏家说把一个工笔画画家买断了。那个人从五六岁就开始学工笔画,现在四十七八岁,已经练了四十年了,在中国没有人比他画得更好。收藏家把这个人买断了十五年。今后十五年里,这个画家所有的画他都收,一英尺四千块钱。买断以后,就开始包装和向市场推广这个人。现在,这个画家的作品已经涨价到一英尺一万元了。

那么十五年以后,这个人为什么就不值钱了呢?他说,十五年以后这个画家的手会哆嗦了,功夫就不好了,所以十五年后的价值一般要往下掉。这就叫买人的能力。

一个好的经理人,除了做出一个好的产品,管好一个公司,更重要的是不断培养出很多人。

擦皮鞋成名流

上世纪五十年代的一天,源太郎所在的那家企业倒闭了,他成了一名下岗工人。无所事事的他整天上街溜达,因为没有特长,又缺乏信息,两个月过去了,依然找不到一份能够养家糊口的工作。

那天,他在一家美国师傅开的名牌鞋店门前徘徊良久,试图从中发现一点什么。美国师傅见状热情地招呼说:"这位先生是找工作的?进来坐吧。"源太郎点点头。美国师傅笑着说:"如果你不嫌弃的话,就跟我学擦鞋吧,你很快就会知道其中的奥秘!"

美国师傅的擦鞋方式非常讲究,而且工作态度诚恳。不出几天,源太郎就将其中的要领学会了。

由于他勤于思考,很快创造出一套全新的擦鞋技术:用石棉替代传统的鞋刷,再配上自己研制的鞋油,使擦出来的鞋色泽更亮、更持久。更绝的是,他学到了美国师傅那种敏锐的生活洞察力。与任何客人擦肩而过时,能一眼分辨出对方脚上皮鞋的种类、质地,并根据鞋的磨损部位和程度,说出客人的健康和生活习惯。

源太郎引起了大亨和企业家的关注,一些名牌酒店争相聘请他。不仅待他如上宾,而且给他开出高薪。他因此有机会接触各界名流,由鞋及人,跟他们交流沟通,最终成为他们中的一员。

"小"工种蕴藏着大智慧,大智慧往往连着大财富。同时,因为竞争对手少,钻研冷门行业反而更容易成功。一般人所缺少的,是从中挖掘出这种智慧的眼光和自信。

养成好习惯

成功者的十三个习惯

成功是一种习惯,失败也是一种习惯。你的习惯无法改变,但可以用好的习惯来替代。以下是成功者的十三个好习惯:

一、清楚地了解自己做每一件事情的目的。成功者虽重视事情的结果,但更重视事情的目的,清楚目的有助于他达到结果并且享受过程。

二、下决定迅速果断,之后若要改变决定,则深思熟虑。一般人经常在下决定时优柔寡断,决定之后却轻易更改。成功者之所以能迅速下决定,是因为他十分清楚自己的价值层级和信念,了解事情的轻重缓急,因此能作系统的处理。

三、具有极佳的倾听能力。倾听并非是去听对方说的话,而是去听对方话中的意思。倾听的技巧包括:不打断对方的谈话;把对方的话听完;可以听出对方的意思;把所有的问题记在脑海,等对方说完再一同发问。

四、设定"当日计划"。成功者在前一晚或早上就会把当天要处理的事情全部列出来,并依照重要性分配时间。他管理事情而非管理时间。

五、写日记。

六、做喜欢的事。

七、勤于练习基本动作。

八、运用自我暗示的力量。自我暗示就是把目标用强烈语气不断念出声音，告诉自己，让潜意识无法分辨真假，因此相信它。

九、运用冥想的技巧。当你不断想象自己达成目标时的情景，潜意识会引导身体做出那些效果。

十、保持体力或创造更多精力。

十一、人生的目的通常超越自我，立志为大多数人贡献自己的力量，为使命而非为金钱工作。

十二、做事情有系统。成功者都有一套方法来整理思想、行为，因此能不断实践在自己身上，并且教导别人。

十三、成功者找方法，失败者找理由。成功者愿意做失败者不愿意做的事情。

迎难而上

有难度才有高度

20世纪三十年代初的美国芝加哥,无业游民巴比克在一次搬家时,不慎将一件中国瓷器打碎了。这是件价值很高的古玩,巴比克捧着那些碎片,心疼得不得了,不甘心就此白白扔掉。好在他心灵手巧,当即将碎片拾起来加以粘合,接下来他发现瓷器还能将就着用,美中不足的是裂缝用肉眼看得出来,而且粘合得也不很牢固。巴比克不甘心,他决心找到一种更好的粘合剂来解决这些问题。

巴比克跑遍了整个市场,但结果令他失望。他决定自己动手,从传统的树胶、角胶、蛋清入手,先后试用了近百种胶液,进行了上千次试验,前后花费了三年多的时间。最后,他成功地将那件打碎的瓷器粘合到令人满意的程度,不仅用肉眼无法分辨,而且粘合得相当牢固,跟烧出来的不相上下。因为掌握了这手绝活,五年之后,由巴比克执牛耳的BBK粘合剂公司成为芝加哥最有影响力的大公司之一。

每一项伟大的发明诞生之前,都有着貌似高不可攀的难度。这时候,有志之士往往选择迎难而上。这个迎难而上的过程就像爬山,尽管高处不胜寒,但唯其有难度,才成就了高度;只有站到某一个高度的人,才有机会看到生命里更美的风景。

永不言悔

摆脱过去的桎梏

　　一位心理学医生常给自己的病人放一两段羽毛球或网球比赛录像。

　　录像一：一个羽毛球选手判断对方回过来的球出界，就没有去接，结果显示压在线上，第二回还是如此。她很快输掉了第一盘。休息调整后，第二、三盘，对无法判断是否出界的球，她都极力地回过去。她扭转了败局。

　　录像二：一个网球选手把球回过去后，对方很快将球击打回来，可此时他却冲向裁判说，对方刚才打过来的球已出界了，自己是下意识地将球击回去的，没想到对方又打回来了。裁判并未理会他的辩解，依旧判他失分。后来又出现过一两次类似情况。这名选手显然情绪受到了影响，最终输掉了比赛。

　　录像放完后，医生问"病人"，羽毛球选手和网球选手在休息调整时，你估计他们都想了些什么？

　　"病人"稍加思考后回答，羽毛球选手一定在想既然拿不准就接吧。医生打断"病人"又问，那不吃亏吗？肯定有的球已经出界啦！"病人"回答，当然有这种可能，但她心态调整得好，因此没有像网球选手那样影响情绪，从而失掉比赛。

医生说：你说得多好！其实你心理没什么大毛病，只是犯了一种最普通最常见的"心理疾病"——后悔综合征。既然已经把球接过去了，就不应患得患失，唯一有意义的就是将后面的球打好。许多人患上"抑郁症"的最根本原因，就是无法摆脱过去所经历的一些阴影，从而陷入了后悔、恐惧、担心、自责之中，甚至无法自拔。

有舍才有得

学会放弃

这是一家公司在招收新职员时的一道测试题：

在一个暴风雨的晚上，你开着一辆车经过一个车站，车站上有三个人正在等公共汽车：

一个是快要死的老人，十分可怜；

一个是医生，他曾救过你的命，是大恩人，你做梦都想报答他；

还有一个女人/男人，她/他是那种你做梦都想娶/嫁的人，也许错过就没有了。

但你的车只能坐一个人，你会如何选择呢？请解释一下你的理由。

老人快要死了，你首先应该先救他。然而，每个老人最后都只能把死作为他们的终点站。你先让医生上车，因为他救过你，你认为这是个报答他的好机会。

同时有些人认为一样可以在将来某个时候去报答他，而一旦错过了眼前这个机会，你可能永远不能遇到一个让你这么心动的人了。

在两百个应征者中，只有一个人被雇用了，他并没有解释他的理由，他只是说了以下的话："给医生车钥匙，让他带着老人去医院，而我则留下来陪我的梦中情人一起等公交车！"

人人都认为以上的回答是最好的,但没有一个人一开始就能想到。

是不是因为我们从未想过要放弃我们手中已经拥有的优势(车钥匙)?

有时,如果我们能放弃一些我们的固执、狭隘和一些优势的话,我们可能会得到更多。

其实真正让人感到震撼的是这最后一句话——你能够放弃什么。我们的一生中,总是有着太多的目标和理想,总想让我们索取,其实有时候放弃也是一种美丽。

应该有些事输给人家

2008年,台湾旺旺集团收购台湾中时集团,由旺旺集团老板蔡衍明的大公子蔡绍中执掌这一包括"中国时报"、台湾中视和中天电视台在内的传媒航母。从此"小老板"成了台湾媒体朋友称呼蔡绍中的专用符号。

在一次交谈中,人们惊讶地发现,坐拥亿万身家的小老板没有上过大学,这么有钱的富二代,留学名牌大学不是轻而易举的事吗?小老板的回答让人大吃一惊,原来是他爸爸不准他读大学。理由是:"你将来会领导很多博士,如果你自己又是老板,也是博士,就怕你会太自傲,你就不会谦虚地倾听那些博士的意见,就算那些博士想帮你,都帮不到你了。应该有些事输给人家,有点自卑感,对人家才会客气一点。"

小老板他爹不让他读大学,也许其中包含着一种更深刻的中国人的智慧,人不可能十全十美,如果人生注定无法十全十美,与其让命运来安排,不如自己主动选择。财富、健康、长寿、爱情、婚姻、家庭、子孙、名声……如果非得在其中选择一个令其有缺陷,也许学历和学位是最值得放弃的了。

"因为我可以穷"

某地有一幢世界级的摩天大楼要落成了,大楼的投资方特别邀请了一位赫赫有名的艺术家,来给大楼雕刻一件不朽的作品。

出于对艺术家的重视,他们提供了六十万元的制作费,请艺术家先制作一个模型。不久,作品模型就被送进了大楼老板的办公室,所有相关的人员打量完作品后,无不为艺术家登峰造极的手笔深感佩服。

唯一有不同意见的是风水先生,他向老板及建筑师提出了修正作品某个细节的建议,因为从风水的角度看,那个部分会破坏磁场,也可能影响大楼未来的招商营运。这个意见自然非同小可,于是,他们找来艺术家,希望适当对作品作一些细微的修正。

没想到在面谈时,艺术家断然拒绝了任何的修改建议。大楼老板提醒艺术家,雕刻作品在未来完成后,依合约他会有好几百万元的收入;若没有达成协议,那一切都将终止。可艺术家仍不为所动。

艺术家准备起身离开,可走了几步他却突然停下脚步,转过身问大楼老板及建筑师说:"你们知道,我为什么能成为一名知名的艺术家吗?"老板脱口而出:"那还不是因为你热爱艺术,喜欢雕刻。"艺术家立即反驳道:"不,是因为我可以穷!"

这是一个真实的故事。真正的成功,不是一个人可以做什么,而是可以不做什么。

吃小亏占大便宜

(一)

艾伦是一位知名的律师,但是很少有人知道,他从前只是个小小的速记员。对于艾伦的一生来说,影响最为深远的只是一件普普通通的小事。那还是十几年前,艾伦在一家小公司做速记员。一个星期六的下午,当天晚上有一场重要的橄榄球比赛,艾伦的同事们都急着跑回家去看转播了。这时一位在同楼开事务所的律师急匆匆地走进来,想找一位速记员帮忙——手头有些工作必须当天完成。

艾伦告诉他,公司所有的速记员都回家看球赛了,自己也准备马上走。不过他看到那位律师急得团团转,而整幢大楼又找不到一个速记员,就决定留下来帮他。

做完工作后,律师问艾伦应该付他多少钱。艾伦开玩笑地回答:"在今天这样的'关键时刻',我要一千美元吧。"律师笑了笑,向艾伦表示谢意。

出乎艾伦意料,六个月之后,那位律师找到了他,交给他一千美元,并且邀请艾伦到自己的事务所工作。薪水自然要高出许多,最重要的是,艾伦获得了一个千载难逢的发展机会。他边学边干,经过几年的努力,渐渐可以独当一面,并终于从一名助手成长为一位资深律师。

如今艾伦总是开玩笑说,自己放弃了一场精彩的球赛,却赢得了一个精彩的人生。

(二)

每天多做一点工作也许会占用你的时间,但是,这种行为会使你赢得良好的声誉,并增加他人对你的需要。

卡洛·道尼斯先生最初为杜兰特工作时,职务很低,现在他已成为杜兰特先生的左膀右臂,担任其下属一家公司的总裁。他之所以能如此快速升迁,秘密就在于"每天多干一点"。

在为杜兰特先生工作之初,道尼斯注意到,每天下班后,所有的人都回家了,杜兰特先生仍然会留在办公室里继续工作到很晚。因此,他决定下班后也留在办公室里。没有人要求他这样做,但他认为自己应该留下来,在需要时为杜兰特先生提供一些帮助。

工作时杜兰特先生经常找文件、打印材料,最初这些工作都是他自己来做。很快,他就发现道尼斯随时在等待他的召唤,于是,逐渐养成了招呼他的习惯。

道尼斯这样做获得了报酬吗?没有。但是,他获得了更为难能可贵的东西——机会,他使自己赢得了老板的关注,最终获得了提升。

与众不同

把自己培育成一粒红绿豆

四个农业专科学校毕业的大学生,接连赶了几个人才市场,都没有找到一份合适的工作。那天,再次遭遇挫折的他们走进一家小酒店,一边喝着啤酒,一边宣泄着满腹的牢骚。

这时一个年轻人走到他们面前,微笑着问道:"你们觉得自己很有才华,是吗?""那当然了,最起码我们是专科毕业的大学生。"一个学生毫不含糊。

"大学生遍地都是,谁有才华不是靠嘴上说的,你们还不够优秀,还没达到让人家一眼就看出水平的程度。"年轻人说着,随手从兜里抓出一把绿豆来,放到一个空杯子里,让他们每人从中挑选一粒。然后,又让他们把绿豆放回杯子里。年轻人拿起杯子轻轻摇晃了一下,把杯子里的绿豆全倒在桌子上,让他们找出刚才各自挑选的绿豆。

四个大学生谁也挑不出自己刚选的那一粒。这时,年轻人又从兜里掏出四粒他们从未见过的红色绿豆,扔到那一堆绿豆里面,问他们:"能挑出我刚才混进去的那四粒绿豆吗?"大学生们很轻松地就挑出了那四粒颜色醒目的红绿豆。

"那么,现在我请问你们,谁能证明自己是一粒与众不同的红绿豆呢?"年轻人收起桌子上的绿豆,便转身离去。那位年轻人就是省内著名的"红粮食"公司二十六岁的夏总经理,他麾下拥有员工两千多人,资产逾亿元,而他的最高学历是初中毕业。

"再醒目一些,再特别一些,再超凡脱俗一些。"这是大洋彼岸的一位美国富豪的成功秘诀。你会把自己培育成一粒非凡脱俗的红绿豆吗?

欲速则不达

有一种毒药叫"成功学"

现代社会有三粒毒药：消费主义、性自由和成功学。

消费主义以品牌为噱头，以时尚为药效，将人卷入无休止的购买与淘汰的恶性循环中，恋物成瘾；

性自由以人性为噱头，以性爱为药效，不断释放暧昧与激情的烟幕弹，纵欲成瘾；

成功学以速成为噱头，以名利为药效，误导急于走捷径成为人上人的年轻人投身其中，投机成瘾。

三粒毒药中，以成功学危害最巨——它以教育之名，行"毒"化社会气氛、"毒"化人心、破坏多元价值观之实。

在成功学的逻辑中，如果你没有赚到"豪宅、名车、年入百万"，如果你没有成为他人艳羡的成功人士，就证明你不行，你犯了"不成功罪"！

助你"实现人生价值"、"开发个人潜能"、"三个月赚到一百万"、"有车有房"、"三十五岁以前退休"……成功学泛滥于职场和网络，上进人群迷失在多款提升课程和短期培训班里，成功学大师满天飞，成功学培训蔚为大观成产业。

——我们何时变得如此迫切渴望成功？成功何以变得如此简单

粗暴？那些成功学大师除了演讲收钱还能做什么成功的事？我们可不可以不成功？

　　个人奋斗很可嘉，实现自我很诱人，名利滋味很甜美。但一个社会结构中，成功人士不过1%，且离不开长期实干和机遇。若成功一学就会，且成王败寇，成功人士光荣，非成功人士可耻，那么，社会中99%的大多数还怎么活下去？生活中有许多美好的事物和价值，是成功学课程所蔑视、给不了的和教不会的。

　　当全民成功变成狂热风潮，成功上升为绝对真理般的、人人趋之若鹜的主流价值观时，成功学就是一粒毒药，而信奉成功学的人就沦为牺牲品。

在工作中享受快乐

短跑冠军自我解释

在第二十三届世界大学生运动会上,一个看似文弱的戴着一副五百度近视眼镜的人,力压群雄,夺得了中国历史上在世界赛场的首枚百米短跑金牌。他叫胡凯,清华大学在读生。

然而,让人吃惊的远不止这些。

听说,胡凯一直是个业余运动员。十九岁之前,他只是一名再普通不过的学生,和体育扯不上任何关系。高三那年,老师见他个子高,人也瘦,让他参加校运会一个跳高项目,结果跳得不错,由此被吸收进校体育队,练起短跑来。后来,他考进清华经济管理专业,每天做完功课之余,花两个小时继续训练短跑。

每天只练两个小时。说起来谁也不相信,四年后,他居然就这样搞定了一个世界冠军。这无疑让每日浸泡在训练场的专业选手感到困惑不解。

胡凯解释了他成功的几个因素。第一,他进了大学,大学环境很宽松,文化熏陶多,他在那里学会了思考。第二,他没有进专业队,避免了过早地专项化和因繁重比赛而带来的压力。第三,十九岁之前,他没有受过任何专业训练,这种"不幸"确保了他对短跑没有产生丝毫的厌倦感,他可以全身心地享受短跑带来的快乐。

勤于思考,拒绝蛮干,享受快乐,就这样成就了一个跑得最快的人。

智 慧

两种不同的勇敢

有一位军人在回家探亲途中赤手空拳与车匪搏斗,身受重伤。生命垂危之际,他仍高昂着头呐喊:"抓歹徒!"因此有人认为,勇敢是捍卫人格尊严的一个支点,有了它,即使你粉身碎骨,但你依然在人们心中树立了丰碑。

美国女孩玛丽有一天开门时,发现一个持刀男子凶狠地站在门前。不好,遇到劫匪了!这一念头骤然跃入玛丽的脑海,但她迅速地镇静下来。她微笑着说:"朋友,你真会开玩笑,你是来推销菜刀的吧?我喜欢,我要一把。"接着便让男子进屋,还彬彬有礼地对男子说:"你很像我以前一个热心的邻居,见到你我真高兴,你要咖啡,还是茶?"原来满脸杀气的男子竟有些拘谨起来,结结巴巴地说:"谢谢,谢谢!"片刻,玛丽买下了那把菜刀,男子拿了钱迟疑了一下便走了。在转身离去的一刹那,男子对玛丽说:"小姐,你将改变我的一生……"

没有孩子的房客

有一家人决定搬进城里住,于是去找房子。全家三口,夫妻两个和一个五岁的孩子,跑了一天,直到傍晚,才好不容易看到一张公寓出租的广告。他们赶紧跑去,房子出人意料的好。于是,就前去敲门询问。

这时,温和的房东出来,对这三位客人从上到下地打量了一番。

丈夫鼓起勇气问道:"这房屋出租吗?"

房东遗憾地说:"啊,实在对不起,我们公寓不招有孩子的住户。"

丈夫和妻子听了,一时不知如何是好,于是,默默地走开了。

那五岁的孩子,把事情的经过从头至尾都看在眼里。那可爱的心灵在想:真的就没办法了?他又去敲大门。房东又出来了。这孩子精神抖擞地说:"老爷爷,这个房子我租了。我没有孩子,我只带来两个大人。"

房东听了之后,笑了起来,决定把房子租给他们住。

遭遇强盗

一天傍晚,汤姆逊携巨款回家,小心翼翼地走在一条靠近小丛林的寂静的街道上。

担心的事终于发生了,一个头戴鸭舌帽的男子紧紧跟在了他的身后,怎么也甩不掉。

忽然,汤姆逊来了个180度的转弯,径直朝那男子走去,并用哀怜的声音乞求道:"先生,行行好吧!我已经两天没吃饭了,请给我点零钱吧。"

那人先是一愣,接着便摸出几个硬币扔给他,嘴里嘟囔着:"真他妈的倒霉,碰上个穷鬼,我还以为你口袋里有巨款呢!"

智慧不会淹没在嘲笑中

安德鲁·戈登出生在苏格兰。两年前的一天,他和一个朋友喝啤酒，突然他发现酒吧桌子下垫着几张餐巾纸。原来，因为桌子总是摇晃，酒吧的员工只好用这种方法把桌子垫平。

这个不经意的细节激发了戈登的灵感。他想，能不能设计出一种小巧的装置来解决桌子摇晃的问题？最终，他用八个塑料片制成了一个小装置，并起名叫"桌子防摇器"。它可以根据桌子的摇晃程度进行调节，垫平桌脚，也可以用来平衡洗衣机、书柜、花架等器具。

"龙穴"是BBC商业台一个商机创意节目。戈登带着自己的发明来到这个节目。可是，他遭到了嘲笑。当时的节目嘉宾——"喜庆日子"公司主管蕾切尔·埃尔诺竟然说，"桌子防摇器"是她听过的"史上最荒诞的想法"。

那一刻让戈登沮丧不已，但是他坚信自己发明的小装置并不荒诞。他把他的小装置放到网上推销，赚了五十万英镑。

后来，戈登接到英国考试协会送来的二十万个"桌子防摇器"订单。就连英国肯辛顿王宫也向戈登订货。

虽然很多智慧的火花在一些人看来是一种荒诞，但谁能肯定，在那些看似的荒诞中，真的就不可能蕴含着智慧？

片面的实话

有个保安在一家公司里一干就是三年，从未出过差错。但是有一天，这个保安在值夜班时喝醉了，这对于他来说还是头一次。值班经理发现了这个喝得醉醺醺的保安，于是在值班日志上写了一句话："这名保安在今天值夜班时喝醉了。"

等保安醒过来，看到经理记下的这句话，知道这在他的职业生涯中是个抹不掉的污点，所以，他来到经理的办公室，请求经理删掉这句话，或者添上一句："这在他的三年工作期间是第一次。"但经理拒绝了保安的请求，说道："你说的是实话，但我说的也是实话，你今天夜里确实是喝酒了！"保安很是恼火，可又无言以对。

第二天，轮到这位保安写值班日志了，他在日志上写下这样一句话："经理今天值夜班时没喝醉。"经理看到这篇日志时急了，他找到这位保安，让他修改或者补充一句话加以解释，因为保安记下的这句话是暗示说，经理只有今天夜里没喝醉，平时都是喝醉了的。保安笑了笑，对经理说："我说的也是实话，你今天夜里确实没喝醉！"经理终于明白了，片面的实话未必就是实情，于是只好同意，互相修改了给对方的工作记录。

用智慧拯救自己

波斯国的一个奴隶主奥默有一个奴隶在服役期间逃跑了，但是很快就被逮了回来并送到了国王面前。在奥默的鼓动下，国王下令对他处以死刑。

那个奴隶听到命令，对国王说道："至高无上的主啊，我是一个无辜的好人。如果根据您的命令把我杀死，这血债是要用血来偿还的。请允许我在去世之前犯一次罪吧——让我杀死我的主人奥默。我这样做实在是为了让您不至于承担杀害无辜的罪名。"

国王听了大笑，便赦免了这个机智的人。

抓住机会

机会稍纵即逝

有一个年轻人非常想娶农场主漂亮的女儿为妻。于是,他来到农场主家里求婚。

农场主打量了他一番,说道:"我们到牧场去,我会连续放出三头公牛,如果你能抓住任何一头公牛的尾巴,你就可以迎娶我的女儿了。"

于是,他们来到牧场。年轻人站在那里焦急地等待着农场主放出的第一头公牛。不大一会儿,牛栏的门被打开了,一头公牛向年轻人直冲过来。这是他所见过的最大而且最丑陋的公牛了。他想,下一头应该比这一头好吧。于是,他跑到一边,让这头牛穿过牧场,跑向牛栏的后门。

牛栏的大门再次打开,第二头公牛冲了出来。然而,这头公牛不但体形庞大,而且异常凶猛。它站在那里,蹄子刨着地,嗓子里发出咕噜咕噜的怒吼声。"哦,这真是太可怕了。无论下一头公牛是什么样的,总会比这头好吧。"于是,他连忙躲到栏杆的后面,让这头凶猛的牛穿过牧场,跑向牛栏的后门。

不大一会儿,牛栏的门第三次打开了。当年轻人看到这头牛的时候,脸上绽开了笑容。因为这头公牛不但体形矮小,而且非常瘦弱,这正是他想要抓的那头公牛。当这头牛向他跑来的时候,他看准时机,猛地一跃,想要抓住牛尾巴,但是——这头牛竟然没有尾巴!

显然,这个年轻人未能娶上农场主漂亮的女儿为妻。当然,他曾拥有机会,但机会稍纵即逝。

机会只有三秒钟

她毕业于名牌大学,却找不到工作。

一次机缘巧合,她应聘到某电视台当节目编剧。半年后,在一次制作节目时,制作人不知为什么大发雷霆,说了句:"不录了!"转身就走。几十个工作人员全愣在那儿不知如何是好,主持人看了看四周,对她说:"下面的我们自己录吧!"机会只有三秒钟!三秒钟后,她拿起制作人丢下的耳机和麦克风,那一刻,她清楚地对自己说:"这一次如果成功了,就证明你不仅是一个只会写写小剧本的小编剧,还是一个可以掌控全局的制作人,千万不能出丑!"

渐渐地,她开始做执行制作人。当时,像她那么年轻的女生能做制作人,情况相当罕见。

几年后,这个女生成为三度获得"金钟奖"的王牌制作人。接着一手制作了红极一时的电视连续剧《流星花园》,被称为台湾偶像剧之母。

回首往事,她爽直地说:机会只有三秒钟,就是在别人丢下耳机和麦克风的时候你能捡起它。

自　信

自信等于成功一半

1960年,哈佛大学的罗森塔尔博士曾在加州一所学校做过一个著名的实验。新学年开始时,罗森塔尔博士让校长把三位教师叫进办公室,对他们说:"你们无疑是本校最优秀的老师。我们特意挑选了一百名全校最聪明的学生,组成三个班让你们教。这些学生的智商比其他孩子都高,希望你们能让他们取得更好的成绩。"

三个老师都高兴地表示一定尽力。校长又叮嘱他们,对待这些孩子要像对待普通学生一样,不要让他们或是家长知道特意挑选这回事。一年之后,这三个班的学生成绩果然排在整个学区的前列。

这时,罗森塔尔告诉了老师们真相:这些学生只不过是随机抽出的普通学生。老师们没想到会是这样,都认为自己的教学水平确实高呢。这时博士又告诉了他们另一个真相——他们也不是特意挑选出的全校最优秀的教师,也不过是随机抽出的普通老师罢了。

三个老师都认为自己是最优秀的,而学生又都是高智商的,因此对教学工作充满了信心,工作自然非常卖力,成绩也就非同一般了。

在做任何事情以前,如果能够充分肯定自我,就等于已经成功了一半。当你面对挑战时,不妨告诉自己,你就是最优秀的和最聪明的。那么,结果肯定是另一番模样。

学点生意经

免费的背后

在北方的某个城市里，一家海洋馆开张了，五十元一张的门票，令那些想去参观的人望而却步。海洋馆开馆一年，简直门可罗雀。

最后，急于用钱的投资商以"跳楼价"把海洋馆脱手，洒泪回了南方。新主人入主海洋馆后，在电视和报纸上打广告，征求能使海洋馆起死回生的金点子。

一天，一个女教师来到海洋馆，她对经理说她可以让海洋馆的生意好起来。

按照她的做法，一个月后，来海洋馆参观的人天天爆满，这些人当中有三分之一是儿童，而其他的三分之二则是带着孩子的父母。三个月后，亏本的海洋馆竟然开始盈利了。

海洋馆打出的广告内容很简单，只有十二个字：儿童到海洋馆参观一律免费。

货比一家

20世纪九十年代初，一名男子来到浙江某地开店卖皮鞋。

半年过去了，他虽然赚了一些钱，却无法甩开竞争对手，脱颖而出。他尝试过许多方法,比如不定时开展一些促销活动,给顾客赠送小礼品等,但都没有太大的效果。

鞋厂老板知道他的心事后,给他发来一批次等品,说:"你把这些鞋摆到货架上,保证你超越对手。但如果销量增长了,你得长期卖我的鞋。"

这是包赚不赔的生意,他当即答应了。

没想到,次等鞋子摆出来后,生意果真火爆起来。半年后,他开了两家分店,把竞争对手远远地甩在后面。

"为什么摆了次等品,生意就变好了呢?"他问鞋厂老板。

鞋厂老板微笑着说:"有了次等品,顾客才会觉得店里的货物齐全,他们选择的余地更大。而且次等品暴露出了产品的不足之处,与上等品一对比,突显出了上等品的优点。这自然比你单卖上等品效果好得多了。"

人也一样,如果把次等品比作人的缺点,我们只有适当地表露出自己的缺点,我们的优点才会更加真实、突出。

跟在"热门"后面

甘肃天水市盛产苹果,因此每年一到苹果收获的季节,全国各地的水果贩子就会拥向那里。有一个家住兰州的卡车司机叫王永康,那年他的车都被水果贩子包了,往返兰州和天水市贩运苹果。两地苹果差价十分诱人,家里人劝他干脆自己搞贩运,可是王永康却另有打算。

他注意到,所有水果贩子到天水市时都是自己拉着包装箱,也就是说天水市没有纸箱厂。他想,假如自己在天水市开一家纸箱厂,那些水果贩子就可以就近进货而不用千里迢迢地自备包装箱,这可以为他们节省一大笔开销,那么有谁会不用自己的产品呢?他们赚别人的钱,我赚他们的钱,说不定赚得比他们还多呢!

于是王永康果断卖掉了自己的卡车,又贷了一笔款,办起了天兴纸箱厂。同时,他在全国的报纸上刊登了建厂公告,让水果贩子们知道,以后来天水市贩运苹果再不用自备包装箱。不久大量的订货单就如雪片般从全国各地飞来。到苹果收获的时候,他的产品更是供不应求。

其实,这种跟在热门后面赚"热门"钱的事例比比皆是。有这样一句话:"并非人人都能做比尔·盖茨,但是他发了,与电脑有关的你也就发了。"

总有些人等不及

乡下的表姐以前在南方开包子店,她的儿子要上小学的时候,她回到了家乡所在的城市,想一边开店一边照顾孩子上学。她让表妹陪她找店面,表妹陪她晃悠了一早上,她终于选定了一家。这一家虽然市口不错,但却是表妹最反对的,因为隔着三家店面,就有一家"张记包子店",人家的手艺非常好,早上买包子的人往往要排起十几米的长队。而表姐的手艺却不敢恭维。表姐听了表妹反对的原因,却更加坚定了要在这儿开店的信心,表妹也拿她没什么办法。

她的店开张了,表妹想要不了两个月,她的店一定会被别人挤垮。却不料她的店不仅没挤垮,反而一开就是五年。虽然没"张记包子店"红火,但客人也是络绎不绝。表妹想不通其中的道理了,问表姐是怎么回事,表姐笑着说:"人家包子虽好,但总有些人等不及,他们要急着上班上学,没时间排队。"想一想表姐的话,还真不得不佩服她的机灵,她明白在特定的时间里,人们如果不能选择"最好"的,也只能接受"次好"的了。而如果她不背靠"张记包子店"这棵大树,依她的手艺,人家可能就不会光顾她的包子店。"张记包子店"带来了人流,但又不能及时满足大家的需求,而她恰好让人流"分流",她找到了她的空间,让"次好"也能不错地生存。

对外形象

小王和小刘中午在单位加完班,快下午一点了。小刘拉着小王直奔一家快餐店。小王抬头一看,这家店自己来过几次,价格不贵,就是菜的量太少,便提议换一家。

听小王这么一说,小刘不解:"不会吧,每次给我的分量倒是很足!""可能看你是老顾客了。"小王说。小刘连声说不会。突然,他哈哈大笑起来:"我知道怎么回事啦……"

趁小刘去点菜的空儿,小王挑了个僻静的位置坐下。小刘点完菜回来,瞪着眼睛问小王:"你怎么坐这里了? 走,咱到那边去吃。"说着,小刘朝靠近窗户的那张桌子一指。"这里不挺好的吗? 在路人眼皮底下吃饭,挺别扭的!"可是小刘根本不听小王那一套,边拉小王边对老板喊道:"我们换桌子啦,靠窗户的那张!"

不一会儿,菜上来了。小王一看,同样的辣子鸡丁,足足多了三分之一! 只见小刘嘿嘿一笑,压低声音说:"知道为什么要到这张桌子上来吃了吧?"小王摇头,小刘朝窗外努努嘴:"你看这人来人往的,老板怎么也得考虑到饭菜的'对外形象'吧!"

记在心上

红山小贩中心有一卖海鲜的摊子,生意极好。那天中午,有一个食客足足等了半个小时,还不见食物端上来,忍不住前去提醒。那位摊主尽管忙得不可开交,还是抽空抬起头来,温和淡定地看着顾客说:"你刚才叫的是豆腐鱼片汤,我已记在心上了!"

"我已记在心上了!"

啊,真是叫人耳目一新的话。

这话,令人安心,使人放心。

虽然客似云来,可是,每一位顾客在他心目中都占着同样的比重。他把他们的话都"记在心上"了。像履行一份份重要的合约一样,他依循先来后到的次序,按部就班地把食物端上。

这,便是他成功的最大秘诀。

有些人,对别人的事,漫不经心;做过的承诺,转瞬即忘。惟一放在心上的,是他自己的事,以及别人对他的承诺。渐渐地,失去友谊,失去信任,而他,在失意沮丧之余,却还不忘愤愤然地诘问:"为什么他们都不把我的话放在心上?为什么啊?"

倾斜的商机

一家大公司到内地某城市开了一家专卖店,左邻右舍卖同类商品的有好几家,结果这家商店一开张就门庭冷落。原来,内地城市的消费者相信老牌的商店,对一个初来乍到的新店一时还不认可。

眼看商店到了快关门的尴尬境地,商店的管理层出重金购买好点子。这家商店的保洁员前去献策。这个保洁员说:你们可以按我说的去做,如果成功了,再奖励我也不迟。

这个保洁员的办法很简单,就是把商店门口的行人过道铺上非常漂亮的地砖,但挨着商店门口的这边比另一边要低五厘米。

商店的主管们将信将疑地按此主意把商店门口的走道改造了一番。

人行过道改造完毕的当天,因商店门口是很微小的倾斜,过往的行人不容易察觉,但走着走着就到了商店的门口。于是他们就抱着反正已经到了门口就进商店看看的想法踏进了门槛儿。顾客马上就发现原来这里的东西也很不错。

第二天,第三天……越来越多的行人因倾斜地砖给"斜"进了这家商店。就这样,这家商店的营业额在同行中逐渐增长,最终高居榜首。

看似不起眼的小变化产生了大作用。

入 口

经营时装店的莎拉夫人最近十分烦恼,因为左边隔壁的花店也变成了时装店,不光铺面比自己的大,还打出一个气人的招牌——"这里的买卖最划算"。莎拉夫人心中的一口闷气还未消干净,自己时装店右边的花店也开始做起时装生意来,而且也打出招牌——"这里的价格最便宜"。

莎拉夫人终于想出了对策,她在自己的时装店门口正上方挂了个大大的牌子,赫然标着:"入口"。

八佰伴的生意经

有一次,日本列岛遭到强台风的袭击,八佰伴公司的所在地灾情又特别严重,一时间,蔬菜水果奇缺,同行们纷纷将原先的存货涨价,涨幅在十倍以上。八佰伴公司也有一些存货,他们的经理和田一夫还冒着生命危险到外地弄来了一些水果蔬菜,但出乎人们意料的是,八佰伴公司仍以平时的价格出售。这样,八佰伴公司非但没有借这机会捞一笔,而且还贴出一些钱,因为他们的进价明显比平时高了。消费者得此消息纷纷前往,同行们则暗地嘲笑八佰伴公司是个傻瓜蛋,但和田一夫毫不介意,他深知他的抉择是对的。

十天以后,台风过去了,交通也恢复了,各家商店的价格又回到原先的水平上,似乎一切又回到了原先的状态。然而,一件不寻常的事情发生了：以前各家商店的老顾客、老关系有相当一部分人舍近求远，不在原先的商店购物，而跑到八佰伴公司来买东西，八佰伴公司的市场占有率一下子增加了许多。

先机并不决定一切

中国有句老话叫"先下手为强"，但这并不意味着错失先机就不能成功。

2004年夏，欧锦赛在葡萄牙拉开帷幕，球场上激烈拼杀的同时，球场下，商家们围绕着球迷手中挥舞的小国旗也展开了一场销售厮杀。

崇尚先下手为强的中国商人早早就制作了参赛各国的小国旗，加之每个小国旗一欧元的低廉批发价格，中国商人制作的小国旗迅速抢占了葡萄牙市场。同样盯着欧锦赛小国旗市场的印度商人赶到时，市场已经饱和。但印度商人并未放弃，经过缜密的调查后，印度商人全面收购了中国商人手中的小国旗。当葡萄牙队进入半决赛，狂热的球迷疯狂地抢购、挥舞着小国旗，而这些由中国商人制作、印度商人出售给他们的小国旗，每个售价十欧元。

鲜活的事例告诉我们，任何时候，任何时代，先机非常重要，但先机并不决定一切。

猎　奇

19世纪中后期，在美国的众多游艺场中，巴纳姆可算是一位最富于创新精神的经理。

有一次，巴纳姆雇了一头大象在他的农场里耕地，邻近农场的主人看到后很不以为然。他说，大象所能承担的工作和喂养它的费用相比，实在是得不偿失。可是巴纳姆坚持认为大象可算作适于干农活的动物。两个各执己见,不肯相让。最后对方气呼呼地说:"今天我倒要瞧瞧,大象究竟能拉起什么东西?""它能把两千万美国人的好奇心拉到我的游艺场来。"巴纳姆微笑着说。

出奇制胜

一家著名的大型超级市场曾经做出过一个令人疑惑不解的决定——顾客们发现,在货架上尿布和啤酒竟然摆在了一起,这在所有的超级市场里都是不曾有过的摆法。但是这个完全不合常理的奇怪举措却没有影响两种商品的销售,相反,尿布和啤酒的销量双双增加了。这不是一个笑话,而是发生在美国沃尔玛连锁超市的真实事件,并且至今为众多商家所津津乐道。

原来,美国的太太经常嘱咐她们的丈夫,下班以后要去超市为孩子买尿布,而丈夫们购物总是行色匆匆,不可能仔仔细细地在商场里逛上一圈。如果把尿布同啤酒摆放在一块儿,那么,男士们在买完尿布以后,就可以顺手带回自己爱喝的啤酒了。有了这样的购物经历,他们就会一直光临沃尔玛。

沃尔玛超市是在花大力气对一年多的原始交易数据进行了详细分析后,才发现了这对神奇的组合。商战,关键在于出奇制胜。

《消息报》的征订启事

苏联报刊从1991年1月起拟大幅度提价,这使报刊面临失去大批读者的危险。《消息报》当年的征订启事独具匠心,全文如下:

亲爱的读者:

从9月1日(去年)起开始收订《消息报》。遗憾的是1991年的订户将不得不增加负担，全年订费为22卢布56戈比。订费是涨了。在纸张涨价、销售劳务费提高的新形势下我们的报纸要生存下去，别无出路。

而你们有办法。你们完全有权拒绝订阅《消息报》，将22卢布56戈比的订费用在急需的地方。《消息报》一年的订费可以用来：在莫斯科的市场上购买924克猪肉，或在列宁格勒买1 102克牛肉，或在车里亚宾斯克购买1 500克蜂蜜，或在各地购买一包美国香烟，或购买一瓶好的白兰地酒（五星牌）。

这样的"或者"还可以写上许多。但任何一种"或者"只有一次享用，而您选择《消息报》——将全年享用。事情就是这样，亲爱的读者。

据报道，《消息报》的订数结果不仅没有下降，反而大大上升。

诚品书店搬迁启事

一家店铺不得已的搬迁就预示着很大一批顾客的丢失。十多年前，中国台湾当时尚未出名的诚品书店敦南店面临搬迁，敦南店贴出的搬迁告示比电影海报还要精致悦目。一张正方形的大纸，上面再被平分成四个大小相同的正方形，粉紫、鹅黄、湖蓝、洋红，四色纷呈，中间对角处，四个巨大的楷体字张示着告示的主旨："移馆别恋"。旁边醒目处是它匠心独具的搬迁内容：

卡缪搬家了，马奎斯搬家了，
卡尔维搬家了，莫纳搬家了，
莎士比亚搬家了，毕加索搬家了，
瑞典的彩色玻璃搬家了，

英国的瓷碟搬家了,
法国的咖啡杯搬家了,
金耳环的大大小小的布娃娃也跟着大人搬家了。
诚品书店敦南店搬家,
请您跟我们一道送旧迎新,移馆别恋至新光大楼
……

告示一出,人们争相去看,有人手抄告示文字,有人在告示牌前照相留念。

诚品能做出这样一份花尽心思,饱纳感情的搬迁告示,一个书店做成一道享誉世界的风景似乎是势在必行。

犹太人的生意经

人们常说,犹太人生性吝啬,一毛不拔,爱财如命,其实这是一种误解。要知道,历史上每当犹太人遭到镇压迫害时,他们一再体味到钱的必要性。因为没有钱,犹太人在敌人面前就没有任何护身符,所以现金交易关系是犹太人视线的汇聚点。随着现代史的开端,犹太人生活中的每一个行动越来越受制于金钱,纳税、结婚、生孩子,甚至给死者举行葬礼等都要上税,没有钱,犹太人就不可避免地遭致灭绝。所以对犹太人来说,钱是一种保险,一种生存工具。多少年来,理财、生财、发财、积财已被发展成为一种犹太民族的高雅艺术。由此可见,犹太人爱钱、赚钱、存钱不是为了炫耀、虚荣、挥霍,而是为了自身的一种生存与保险。

全世界的犹太人只有一千三百万人,只占世界总人口的千分之三,但这个民族却操纵着世界经济,集世界之巨大财富于一身,其发财的秘密在于犹太人的生意经。

一、彻底的现钞主义

他们认为,发生天灾人祸,能够保障来日的生命和生活的东西,除现钞之外,别无他物,他们以现钞精神来评价一个企业家的财富。

二、为利息而存款者吃亏

在银行存款会生利息,但存款在生利的同时,物价也在上涨,货币也在贬值;更有甚者,如果存款人死亡,那么作为继承税,就有相当部分的存款被充公了。反之,现钞在手,虽不增加也不减少,对犹太人来讲,不减少就是不亏本的起码条件。

三、赚女人手中的钱

赚女人的钱是最容易不过了。价值连城的钻石,几万到几十万美元的一根项链,几万元的一只戒指、别针等,都会诱惑女人。肯尼迪总统的夫人杰奎琳一次就买了两百双高级皮鞋,俄国女皇什卡特琳娜二世有五千双鞋子,电影演员玛丽莲·梦露、伊丽莎白·泰勒、索菲亚·罗兰等人,都有几十件黄狼皮、狐皮、貂皮大衣,至于模特宝琳娜·娜佳、辛迪·克劳馥德,她们都有几百件甚至上千件的时装、休闲服、夜礼服等。世界上只有女人才会如此疯狂地购物,疯狂地花钱,赚女人的钱便成了犹太生意经的"圣言"。

四、消耗的无底洞——嘴

凡是经营入口的东西,一定会赚钱,因为入口的东西在不断地消耗,就形成不断的新的需求。在犹太生意经中,把女性用品列为"第一商品",把食品列为"第二商品"。

五、学识广博

广博的学识不仅丰富了犹太人的观念和人生,并对犹太人在生意上、事业上作出正确的判断,产生不可估量的作用。

六、不积怨仇,微笑进攻

在谈判桌上,犹太人在跟你吵过架的第二天,仍摆出一副坦诚的姿态,但当对方强忍住心中的不快而难以平静时,犹太人看穿了你的不安，便主动向你进攻，你只得匆忙应战，待平静时，已接受了犹太人所期盼的条件。

七、时间也是商品

不浪费时间是犹太人生意经的格言之一，因此在他们工作的时间里，决不会见一个无聊的人而耽搁一分钟。时间在犹太人眼中也是有价商品。

这便是犹太人赤手空拳打天下的秘诀。

亏本的刀架

1903年，一个名叫金坎普·吉列的人受到钉耙的启示，开发出了一种T形刀架加刀片组合的剃须刀。产品生产出来之后，他开始着手确定价格。通过了解，吉列知道人们去理发店一次需要花十美分，而在市面上已经有的一种安全剃刀，最便宜的也要卖到五美元，大部分人根本用不起。自己的刀架定价多少才合适呢？

经过细细估算之后，吉列决定：以五十五美分的价格卖掉成本是二元五角美元的刀架；而以五美分的价格卖掉一美分成本的刀片。关键是，吉列设计的每个刀片只能使用六至七次。这样的定价，消费者的计算方法就是：刀架是一次性购买，价格便宜且可反复使用；每个刀片虽然售价五美分，但可以使用六至七次，每次刮胡子的费用还不到一美分。

而吉列却是这样计算的：虽然我的刀架亏本卖给你，但是之后，您还得回来买我的刀片。

这个做着"亏本"买卖的吉列从这个组合中赚了一笔又一笔可观的财富。刀架加刀片组合的这个模式从那个时候开始，在商界广为应用，被称为"免费经济学"。

迪斯尼的清洁工

有个留学生去美国迪斯尼乐园应聘清洁工,园方说要进行三个月培训,他大吃一惊。拿来培训课程一看,这哪是培训清洁工,简直是培训"游乐园园长"。

首先要熟记游乐园内所有游乐设施和公共设施的位置,如果游客问你,要在第一时间告诉游客;二是学习修理轮椅、童车,遇到车坏了及时修理;三是学会各种相机的使用方法,当游客家人要合影时,你是最好的"帮手";四是学会照顾孩子,当抱孩子的妈妈们想去卫生间时,你代表游乐园,是"可信赖的人";五是学习简单的"手语",必要时能帮助聋哑人;还有六、七、八、九……当然关于清洁工本身职责的内容更多,例如如何清扫不扬尘,如何避开游人的脚,等等。

如此"开展人性化服务,拓展责任范围,处处为顾客着想",生意会不好吗?

换个盘子卖鸡蛋

美国摩根财团的创始人摩根,当年从欧洲漂泊到美国时,穷得只有一条裤子,后来,夫妻俩好不容易才开了一家卖鸡蛋的小杂货店,但身高体壮的摩根卖鸡蛋远不及身材瘦小的妻子。

摩根觉得很奇怪,后来他终于弄明白原委。原来当他用手掌托着鸡蛋时,由于手掌太大,人们眼睛的视觉误差会觉得鸡蛋变小了,而他的太太用纤细的小手拾鸡蛋给顾客时,鸡蛋被纤细的小手一衬托,居然显得大些。

于是,摩根立即改变了卖鸡蛋的方式。

他把鸡蛋放在一个浅而小的托盘里,这样人们对比看来,就会觉得鸡蛋很大,因此鸡蛋的销售情况果然好转。

摩根并不因此满足。他认为眼睛的视觉误差既然能影响销售,那么经营的学问就更大了,进而激发了他对心理学、经营学、管理学等等的研究和探讨,终于创建了摩根财团。

无字天书

英国人出了一本新书叫《性之外,男人想些什么?》(*What Every Man Thinks About Apart From Sex*),全书厚达两百页,但除了书皮外每一页都是空白,究竟何意,恐怕各人理解不尽相同。不料这本售价4.69英镑"凭空"想象的"无字天书"却卖断了货。

看谁剩的钱最多

日本松下公司准备从新招的三名员工中选出一名做市场策划,于是对他们进行考核。公司将他们从东京送往广岛,让他们在那里生活一天,按最低生活标准给他们每人两千日元,最后看他们谁剩的钱多。

第一个先生用五百元买了一副墨镜,用剩下的钱买了一把二手吉他,在广场演起了"盲人卖艺",半天下来,他的大琴盒里已经是满满的钞票了。

第二个先生花五百元做了个大箱子,上写:将核武器赶出地球——纪念广岛灾难四十周年暨为加快广岛建设大募捐,也放在这最繁华的广场上。还不到中午,他的大募捐箱就满了。

第三个先生做的第一件事是找了个小餐馆,一下就消费了一千五百元,然后,美美地睡了一觉……

广场上,两个先生的"生意"异常红火。谁知傍晚时分,一名佩戴胸卡和袖标、腰挎手枪的城市稽查人员出现在广场上。收缴了他们的身份证,还扬言要以欺诈罪起诉他们……当他们狼狈不堪地返回松下公司时,那个"稽查人员"正在公司恭候!

原来,第三个先生的投资是用一百五十元做了个袖标、一枚胸卡,花三百五十元买了一把旧玩具手枪和一副化装用的络腮胡子。

这时,松下公司国际市场营销部总课长宫地孝满走出来对他们说:"企业要生存发展,要获得丰厚的利润,不仅仅是会吃市场,最重要的是懂得怎样吃掉市场的人。"

维他命的奇效

啤酒厂要倒闭了,老板急得团团转,但是无论怎么改进品质,业务还是难有起色。

"在啤酒里加入维他命,并于瓶上标明。"老板的朋友建议。

老板照做了,果然生意大为改善,没有多久,工厂不但渡过了难关,而且扩厂生产了汽水,只是汽水与以前的啤酒一样,打不开市场。

"在汽水里加入维他命,并于瓶上标明。"老板的朋友建议。

果然汽水也大为畅销。

"为什么维他命这么神妙呢?说实在的,我加进去的量,根本微不足道。"老板问他的朋友。

"这不简单吗?当人想喝酒,却又内心矛盾时,他会告诉自己喝的不只是酒,更补充了有益健康的维他命,于是矛盾消失,啤酒畅销。至于汽水,当孩子要喝时,父母常会说,何不喝较有营养的果汁,灌些糖水有什么用,这时孩子则可以回嘴说,这里面有维他命,跟果汁一样,于是阻力减弱,汽水畅销。"老板的朋友说,"人们做事,常爱找个借口或堂而皇之的理由,以求心安,我只是教你先帮他们找好借口罢了!"

借　鉴

　　酒吧经理正因生意不好而一筹莫展。一天，他偶然到一家书店买书，书店墙上贴着大横幅："为好书找读者，为读者找好书。"他眼前一亮，立即奔回家，叫人写了一条大横幅贴在墙上。横幅上写："为好酒找酒鬼，为酒鬼找好酒。"

可以清心也

　　从前，江南某镇上有一家不起眼的小茶馆，老板的生意冷冷清清，毫无生气。

　　一天，一个外地书生赴京赶考，路过此地，偶然光顾了这个茶馆。品茶间，他觉得白色细瓷茶碗上似乎缺点什么，于是灵机一动，请人送来笔墨宣纸，一气写下"可以清心也"五个大字。然后把茶碗放在上面，转身走了。旁人看了觉得奇怪，有些丈二和尚摸不着头脑，只是那位老板不禁拍手叫绝：妙，太妙了。立即吩咐人把这五个字抄到茶碗上去。

　　原来，这五个字在圆形茶碗上均布一周，以任何一个字打头，均成为一句令人愉快的句子。据说，以后许多人慕名而来，这家小茶馆从此竟买卖兴隆起来了。

掌握对方思考方向

　　从前有甲乙两人潜心向佛，故上山修禅七日，可是到了第二天，两人的烟瘾就同时犯了。想要抽烟，但又担心犯规，于是甲就去请教师父。

甲问师父:"请问师父,人们修行的时候可不可以同时抽烟?"师父马上斥责他的荒唐想法。甲只好悻悻地回来告诉乙说,师父说不可以。但是乙不死心,于是起身再去请示师父,不多久他就大摇大摆地抽着烟走回来,甲大为吃惊。乙说,他见到师父就问:"请问师父,当我们在抽烟的时候,可不可以同时修行呢?"师父回答:"当然可以。"

还有一个故事。两家卖粥的小店,产品、装修、服务没什么两样,但A店总是比B店多卖一倍的鸡蛋,原因在哪? B店客人进门,服务员会问一句,要不要鸡蛋?有一半要一半不要。而A店客人进门,听到的是,要一个鸡蛋还是两个?客人有的要一个有的要两个,不要的很少。这样,A店的鸡蛋就总是卖得多一点。

同样一句话,前后一对调或者做点不起眼的变化,就会出现不同的结局,其实质在于,说话人掌握了对方思考的方向。

把细节做到极致

朋友丽丽在市中心的繁华地段开了一家鞋店后,先后有几家鞋店开在了它的旁边。一段时间以后,丽丽的鞋店愈发红红火火,其他几家店却关门大吉。

丽丽说:"我的经营秘笈就是细节。比如说试鞋镜。很多卖家尤其是卖男鞋的,出于节约空间的目的,或者认为没有必要太注重镜子的功效,设计试鞋镜时简简单单地做个小小的三个脚的斜镜子,以为只要能照清鞋子穿在脚上的效果即可。其实不然。我的做法是:镜子做成长120—140厘米、宽20—25厘米的形状,在离地20—30厘米的墙面上安装,边框可包上一些图案。细长的镜子可以把人照得愈发地清秀与挺拔,明明很粗的腿也在很大程度上显细,穿鞋的效果明显变好。而且照出全身衣服与鞋子的搭配来,购买的成功率自然就会大增。

"还有,摆放鞋款也是一门学问。我的原则是款式跟型类似的、价格接近的一起摆放,这样可以让款式价格一目了然。另外,可以采取一些非常规的摆法,侧面好看的就歪着放,鞋底坚固的可以把面朝下,一款鞋的哪个部位最有特点就让它充分展现。"

老子说:"天下大事,必做于细。"谁真正把一件事的细节做到极致,谁就是最后的赢家,这是我从丽丽做生意中得出的一个结论。

矮门进高人

孟买佛学院是印度最著名的佛学院。在它的正门一侧,又开了个小门,这个小门只有1.5米高。一个成年人要想过去,必须低头过。

这是孟买佛学院给学生们上的第一课。教师会引导他们到这个小门旁,让他们进出一次。教师说,大门当然进出方便,而且能够让一个人很有风度地出入,但是,很多时候,我们要出入的地方不是都有宽阔的大门,这个时候,只有放下尊贵和体面的人才能出入,否则,你就只能被挡在院墙之外。

还有一个关于门的故事。一家很火的饭店,因为装修的原因,饭店的正门是一个极矮小的单侧门,进饭店的人需要弯着腰才能顺利通过,但这丝毫没有影响饭店的生意,原因在于聪明的老板请人在门框上写了几个大字:矮门进高人。

佛学院的教师告诉学生们,佛教的学问就在这个小门里面,尤其在通向这个小门的路途上,几乎没有宽阔的大门,所有的人都需要弯腰低头才可以进去。饭店老板告诉客人,必须弯腰进来,才能品尝菜品的味道。这丝毫不影响客人的身价,因为从这个矮门里进来的都是"高人"。

放低三十厘米

在华盛顿的威斯康星大街上,新开了一家营业所,负责人诺基是金融专业的毕业生。

开张后，诺基又购置了一套新椅子，放在窗口外的大厅里，顾客可坐着等候。谁知投入很多，效果不大，一晃三个月过去了，营业所的业务一般。诺基很纳闷，他找不到自己的不足在哪里。一天，诺基拦住一位刚办理完业务的老人，客气地请教。他将自己的管理说了一遍，问老人有什么不妥的地方。老人在大厅里转了一圈，指着窗口下的椅子说："把它们放低三十厘米吧。"

诺基听从了老人的建议，将外面的椅子都放低了三十厘米。果然，之后营业所的业务越来越多，到了年底，诺基被评为"十佳金融管理人"。

有一天，诺基见到了那个老人，询问其中的奥妙。老人指着那些椅子说："原来营业人员和窗外的顾客对话时，往往要抬着眼皮，给人一种'翻白眼'的错觉，影响了服务态度，放低了外面的椅子，从内向外就基本达到了平视，这样，顾客会感到很亲切。"

死智慧与活智慧

犹太人曾流传着这样一则笑话：卡恩站在一个百货商场门口，目不暇接地浏览着色彩缤纷的商品。这时，他身边走来一个绅士，口里叼着雪茄。卡恩恭敬地走上前，对绅士礼貌地问："您的雪茄很香，好像很贵吧？"绅士笑着说："两美元一支。"卡恩吃惊地说："好家伙……您一天抽几支呢？"绅士不紧不慢地回答说："十支吧。""天哪！您抽烟多久了？""四十年前就抽上了。""什么？您仔细算算，要是不抽烟的话，那些钱足够买这幢百货商场了吗？"绅士反问道："那么说，您也抽烟了？"卡恩说："我才不抽呢。"绅士又问："那么，您买下这幢百货商场了？"卡恩回答："没有啊。"而那位绅士说："告诉您，这一幢百货商场就是我的。"

我们谁也不能说卡恩不聪明。其一，他心算能力很快，一下子就算出抽四十年两美元一支的雪茄就可以买一幢百货商场了；其二，他很懂勤俭持家由小到大的道理，并身体力行，从不抽烟。然而，卡恩的智慧并没有变成钱，因为他既没有享受雪茄也没有攒下买百货商场的钱。所以，卡恩的智慧是死智慧，绅士的智慧才是活智慧。卡恩他不知道也不明白抽雪茄的绅士在生意场上点燃一支哈瓦那雪茄时的气派有多重要。

精明的老板

有一个公司的老板对待手下的业务员，总喜欢重奖。每当业务员赚取五千元时，他只从其中提取五分之———千元，而让员工拿走五分之四——四千元。这样奖赏的结果是，业务员为此很感激他，工作积极性高涨，一个个如拼命三郎。

后来，有人对老板的这种做法不解，说，你怎么这么傻呀，你是老板，完全可以提取五分之四，为什么只给自己留五分之一呀？

老板笑了笑，这样给他解释：我现在有一百名员工，每人提取一千元，一个月就是十万元，而员工仅仅只是四千元。重要的不是这些，而是我的重奖模式可以促使我的员工队伍快速扩展，最终受益最多的还是我自己。如果我多拿些，员工的工作积极性势必会减弱，公司的发展速度减慢了，规模自然会受到影响，可能会一直维持在二十人，而人才流动性反而会加大，用在员工培训和内耗的成本将会难以估算，这时候，就算老板从每个员工手里能拿到四千元，最终的收入不过八万元，如果再减去公司用在员工的培训和内耗的成本，实际到手则会更少，而且老板管理起来会非常累。更为危险的是，因为收入水平低，成长起来的人才留不住，而优秀的人才又进不来，公司最终会逐渐萎缩下去，到时候，烂摊子只有老板自己去收拾了。

真正的精品

一家美国公司欲打开日本的家具市场,可销售一直上不去。该厂家生产的家具,比日本市场上的国产家具更豪华、新颖、耐用、舒适,价格也低于日本同类产品。美国人想不出自己的产品为何在日本滞销,就将原因归结为日本人的"排外情结"。就在美国人打算撤出日本市场时,一位好心的日本设计师说出了原因:你们的家具,为什么底面没有仔细打磨平?

美国人觉得不可思议:难道日本人会钻到桌子底下去欣赏桌底吗?然而,事实的确如此。日本人买家具时的头一个动作,就是将手放到桌底摸一摸,看看平不平。这个动作决定了他们不会购买美国家具:美国人连桌底都磨不平,他们的家具可能存在许多毛病。

各占各的便宜

小杰的好友开了家超市,生意很是兴隆。

一天,小杰陪母亲去买水果,他们走进了那家超市,顾客依然很多。小杰发现不少人在围着西瓜摊位走动,其中一个女顾客挑好了西瓜,笑眯眯地抱给售货员,售货员把西瓜往电子秤上一放,几秒钟之后,便把打印出来的价格标签"啪"的一下贴在了碧绿的西瓜上。

令人不解的是,她抱着西瓜并未着急离去,而是又悄悄地回到了原处,窥视四周,确认没有眼睛盯着她,便将标签迅速揭下,悄悄地贴在另一个西瓜上面。仔细一看,我发现周围还有别人重复着她刚才的做法。

"他们在用小西瓜的价钱换买大西瓜。"母亲悄悄告诉小杰。果真如此?这能逃过最后的付账程序吗?小杰像是在看一部惊险影片。

果然，在结账的时候，他们一个个都轻松过关，脸上泛起得意的微笑。

这可是超市的一个大漏洞！小杰立即冲进了朋友的办公室。令小杰感到吃惊的是，朋友正舒舒服服地平躺在老板椅上看着监控。屏幕上正是顾客偷换标签的场景。

"原来你看见了！"小杰稍稍松了口气。"那怎么不通知保安制止他们？"小杰又疑惑起来。

朋友告诉小杰，他是故意不去制止的。顾客就算是把最小的西瓜的价格贴在最大的西瓜上面，超市也不吃亏，顶多是少赚一些而已。更让他高兴的是，人们在自认为赚了超市的一个大便宜后，虚荣心会让他们奔走相告，继而会有更多的人来钻空子，这样，又带动了其他物品的销售，超市便会收获更大的利润……

那一刻，小杰真的搞不清楚到底是谁占了谁的便宜。

收藏家的还价原则

有个记者在采访收藏家马未都时，提了一个很实际且有趣的问题：您是行家，买了这么多的宝贝，是如何跟卖家还价的呢？

马未都回答说：我跟卖家还价的原则是让做生意的人都有钱赚。比如我看中一个东西，卖家要价十二万，我还价十万。他会说，好，成交。虽然他的要价是十二万，但我知道，给十万他就能卖。他多要两万，是等我还价呢。对此，我们彼此之间心里都是有数的。

记者接着问：那您为什么不试试还价八万或九万？

马未都回答说：人家的东西值十万，如果非给八万或九万，那就离谱了。适当地多给人家一点钱，让人家多挣一点。当人家又有古董的时候，想到的第一个买家，一定是历史上让他挣过钱的人。他可能说："马未都这个人不错，让我挣钱了，这古董我得先给他看。"我一看，嘿！这东西我喜欢，就买了。这样，就保持了一个进货的通道。要是人家说"我卖谁也不卖马未都，这主儿一分钱没让我赚过，还老让我赔钱，回回把我弄得半死，我才不给他呢"，这条进货的路不就断了嘛！

记者又追问：搞收藏的人有的是，为什么您的机会比别人的机会多得多？

马未都回答说：谁坚持让人家有钱赚的原则，人家就会想着谁，谁的进货机会自然就会多。双赢比起单赢有个大好处，就是双方都能赢得可持续发展的机会。

不吃"全鱼"

20世纪80年代，一家不起眼的小公司在天津开张了，老板叫高文光，经营五金机电。随着公司局面的打开，各种意想不到的问题也随之而来。公司的客户基本都是批发商，这些人慢慢被养懒了，当员工把货送去时，还得帮他们把货摆上货架。更离谱的是，有的批发商干脆让高文光的员工代替他们把货直接送到用户手上，也就是说，这些批发商完全不动一下手指头就能赚取利润。对此，高文光却不以为然："把他们都养懒了，咱们才有饭吃啊。"

有一次，一个员工去送货——直接送到批发商的客户手上，搬完了货，他忽然计上心来，拿出自己的名片递给客户说："如果您以后想进货，可以直接给我打电话。批发商都是从我们公司进的货，我们的价格肯定比他们便宜。"对方也是个精明的生意人，两人一拍即合。

那个员工异常兴奋，心想自己为公司发展了新客户。回到公司，那个员工将此事报告了高文光。可是万万没有料到，遭到了一顿臭骂："今后谁再做这种蠢事，决不轻饶！"

不久，高文光的朋友听说了此事，觉得不可理喻；就问他："老高，你是不是迷糊了，既然不想赚钱，那你还办企业干什么？"高文光笑着说:"如果天下的钱都让你赚走了,大家都没钱了,你还赚谁的钱去?"朋友无以反驳。虽是一句玩笑话,却体现了高文光独特的经营理念——不吃"全鱼",谁也不可能赚走所有的钱。

卢兹比萨饼

卢兹是意大利的著名心理学家,他写过一本自传式心理学作品,将自己的经历与一些心理学观点结合起来。在这本形象而有趣的小册子里,提到卢兹儿时的一件事:卢兹的母亲擅长烹制比萨饼。卢兹家境并不富裕,经常出现在饭桌上的是蔬菜比萨饼,但不定时地,卢兹盘子里的比萨饼下会出现美味的腌肉——这是母亲偷偷留给他的。卢兹不无感动地回忆说,那块薄薄的腌肉让平淡的童年充满期望和惊喜。

卢兹根据这个回忆,在自己开的餐厅内对顾客进行了一次不动声色的试验,他在每份比萨饼里面都藏了一张纸条,上面写着祝福的话。几乎所有的顾客都表现出莫大的惊喜,没有人质疑这张纸的卫生状况,而这种内藏了祝福话语纸条的比萨饼被称为"卢兹比萨饼",并成为意式西餐里的一道文化大餐。

出乎意料的收获,哪怕很小,也能让人感到巨大的惊喜。

"世界最差酒店"

荷兰阿姆斯特丹的汉斯·布林克尔经济酒店标榜自己是"世界最差"酒店,其广告语包括"没法更糟了,但我们将尽力","想提高免疫力——入住汉斯·布林克尔酒店"。

打开酒店网站首页,你就会可以看到如下简介:"汉斯·布林克尔经济酒店四十年来一直以让旅客大失所望而自豪。酒店为其舒适度可与低度设防监狱相媲美而无比骄傲……"

酒店老板还出书介绍酒店的脏乱差,书名就叫《世界最差旅馆》。

或许正是酒店这种带有自嘲的幽默,吸引了世界各地的好奇游客前去一探究竟。

事实上,由于酒店"有言在先",客人们对酒店的"诚实"感到满意。

酒店经理泰曼·勒瑟弗尔说:"客人们喜欢我们的幽默和嘲讽,然后他们把期望值降到最低。"

商　道

朋友建伟在某大学社区开了一家书店。

建伟开书店之前,这个大学社区已经有三家书店,但由于他经营有方,这三家书店的营业额加起来,还不如他一家高。他成了这个社区的"书店老大"。让人感到奇怪的是,原本可以垄断市场的建伟不但没有排挤对手,而且还经常帮助那三家书店策划一些营销活动,对于一家濒临倒闭的书店,他还主动借给其流动资金,想方设法让他继续经营下去。

都说"同行是冤家",对于他这种把"冤家"当"亲家"的举动,大家很不理解。建伟说,你们不懂这里面的经营奥秘,我是在维护这一社区图书市场的"生态平衡"。

他说,商界其实和动物与生物界一样,适当有一些"天敌对手"会更加有助于经营。一是能创造让客户比较和优中选优的购物环境,通过比较,学生们才知道我的书店服务好,品种优,价格合理。如果只有我一家书店了,学生们没有了比较,价格定得再低也会认为我的书价高,万一他们自己跑到图书批发市场去"货比三家",那我的生意就完了。还有一个很重要的原因是,我维持这种书店饱和的"生态",是为了防止更多、更强的对手来"插足"。我要是把其他三家都挤垮了，别人一看偌大的社区只有我一家书店，淘金者就会蜂拥而至，弄不好来一个比我更强的对手，那就成"引狼入室"了。

原来培养对手，让对手赚小钱，你赚大钱，这才是创业和经营的最高境界。

一张"无价"的售房宣传单

华盛顿西北部有一个环境和风景都非常优美的社区，一些房产中介的业务员们经常给一些想在此买房的顾客们邮寄房产出售信息的广告宣传单页。这些单页基本上都是千篇一律，但有一天，一名叫克里斯汀的公司职员却突然收到了一份与众不同的宣传单页，上面是这样写的：

> 1957年，华盛顿大学最年轻的教授霍华德·史密斯和他的妻子花了三万美元买下了这套漂亮的房子。他们很喜欢这里的一切，结实的、毫无污染的实木地板，大格子条纹的落地窗，门外不远处一大片的草坪，长年流动的溪水以及放置在院子里的橡木水车，古老的英式壁炉架，还有围绕在整个房子周围的花园和池塘……史密斯夫妇在这里养育了三个孩子，他们现在都已长大成人，分别在哈佛大学、华盛顿州政府以及美国广播公司工作。
>
> 在2013年的3月份，史密斯九十岁的时候，他们夫妇俩决定搬到西雅图的一个养老院去，他们委托我们卖掉这套房子，我们很愉快地接受了，并重新粉刷了墙壁，修葺了围栏。现在，我们很荣幸地邀请您——成为这套房子新的主人。

房子很快成交了。如果你卖的只是一件冷冰冰的商品，那么你永远只能看买主的眼色，但如果你卖的是故事和情感，那么情况将大不同。理由很简单，因为人本身就是一个情感动物，他们喜欢有故事的东西。

趣味经济学

【复利的奇迹】A.今天一次性给你十亿元。B.今天给你一元，接下来连续三十天每天都给你前一天两倍的钱。你选哪个？很多人选了A，可是选B的结果是21.47亿元。这题目告诉我们，不要期望一夜暴富，起点哪怕低到仅有一元钱，但只要你每天努力多一点，每天进步一点，就能创造一个意想不到的奇迹。

【情感经济学】如果你有六个苹果，请不要都吃掉，因为这样你只吃到一种苹果味道。若把其中五个分给别人，你将获得其他五个人的友情和好感，将来你会得到更多，当别人有了其他水果时，也会和你分享。人一定要学会用你拥有的东西去换取对你来说更加重要和丰富的东西。放弃是一种智慧，分享是一种美德。

【经济学家眼中的爱情】在经济学家眼中，爱情是一种具有互补效用的非耐用消费品，是实现人们幸福感的众多消费品之一。所谓互补效用，是说某一产品单独存在时，价值不会太高。当另一产品出现时，彼此的价值会同时提升。以笔为例，如果只有笔而没有纸，就没有人会用笔。有了纸后，笔和纸的价值就会同时提升。

【如何让钱进来快些】夜市有两个米线摊位。摊位相邻，座位相同。一年后，甲赚钱买了房子，乙仍无力购屋。为何？原来，乙摊位生意虽好，但刚煮的米线很烫，顾客要十五分钟吃一碗。而甲把煮好的米线在凉开水里泡半分钟再端给顾客，温度刚好。为客户节省时间，钱便进来得快。

价格的"魔术"

经济学原理告诉我们,价格由供求关系决定,这很对,但这只是价格秘密的一部分解码。其实,价格的高低都是比较出来的。抬高价格有时并不是为了卖出最高价的商品,制造低价商品也不是为了薄利多销卖出多少,关键看相对的价格怎么定。

去超市买啤酒,消费者自然会比较各种啤酒的价格及品质,然后做出选择。杜克大学商学院教授乔尔·休伯和他的团队开始了实验。

第一次是在两种啤酒中做选择,一种是高级啤酒,品质可以打70分,售价2.6美元,另一种是低价啤酒,只卖1.8美元,品质则只有50分。实验结果,选择高级啤酒和廉价啤酒的人数比是2∶10。第二次是在三种啤酒中做选择,除以上两种外,还增加了第三种超低价啤酒,售价1.6美元,品质只能打40分。尽管没有一个人选择超低价啤酒,但选择低价啤酒的比例从33%增加到了47%,超低价啤酒让低价啤酒显得更有性价比了。到第三次实验,又增加了一种顶级啤酒,这种啤酒价格更贵,要3.4美元,而品质提升只有一点点,能打75分。新品种的加入果然改变了人们的选择,10%的人选择了顶级啤酒,令人吃惊的是,其余90%都选择了高级啤酒。很显然,有的商品、有的定价只是商家给消费者拿来做比较的,他们的价格远比价值重要,他们的价值就在于为其他商品也"定了价"。

为何销毁八十万块劳力士

劳力士是瑞士最著名的手表制造商,一直以制造机械表见长。

1970年,日本人发明了石英表。石英的振动相当有规律,即使是最便宜的石英表,一天之内的误差也不会超过一秒。更为重要的是,石英表售价非常低廉。

日本石英表让劳力士倍感压力,于是,劳力士也开始效仿生产石英表。然而,在1971年这一整年里,劳力士生产的八十多万块石英表居然一块也卖不出去。

当时的劳力士总经理安德烈·海尼格因此进退两难。考虑再三后,海尼格决定按生产月份留下十二块表,其余全部销毁。然后再对这十二块表以"劳力士限量收藏版石英表"的名义进行拍卖。

这样一来,这十二块表已经不是一个时间工具了,而是一种金贵的象征。最后在1972年6月2日举办的拍卖会上,这十二块绝无仅有的限量版石英表在劳力士原有的品牌效应下,竟然被拍出了一百三十万美元的高价,比卖出八十万块表的总和还要高数十万美元!

很多人都曾为安德烈做出这样的决定捏了把冷汗,要知道,销毁八十多万块石英表的风险实在是太大了。但其实,人生的成败只在于观念的转变。懂得转变思路的人,才会在困难面前掌握主动,灵活运用手中的一切有利条件,找到新的出路。

乞丐的哲学

离小王住处不远,有一条并不算热闹的小街。街口总是坐着一个白发苍苍的乞丐。他很少说话,但他的眼里有种渴望和乞求,让人看一眼就觉得辛酸,忍不住就想要去摸口袋。

老乞丐的面前总是摆着一个大号的铝盆,里面是零星的钱币,夹杂着一两张十元或五元的"大钞",每天都是这样。小王很奇怪,天天都有人这么慷慨地施舍吗?

慢慢地混熟了,小王就问他。他说,那些整钞都是他自己放进去的。你见别人这么大方,你还好意思小气吗?小王问他,那你为什么不放五十、一百面值的呢？他说，看到别人给那么多，你若给少了好意思吗？给多了又舍不得，干脆就不给了。

小王又问，为什么你总坐在这里，不去别的热闹地方转转？他说，你见过逮兔子的吗？那些背着枪到处跑的人从来都没有下网的人逮得多。因为你跑的时候，兔子也在跑，你不一定撵得上；如果你坐在一个地方不动，那些乱跑的兔子总会撞到你的网上的。小王开始有点佩服他了，又问他，那你为什么不去人最多的广场呢？他说，你钓过鱼吧？鱼最多的地方，钓鱼的人也最多。

利人利己

有人对美国一千多名富翁进行了调查，结果归纳出了最常见的发家类型有三种：第一种为勤劳型，第二种为机遇型，第三种为利人利己型。勤劳可以发家，这是很多人都明白的道理，机遇也能致富，但需要好的运气。利人利己却是可以把握的。更为有趣的是，前两种竟然只占受调查人数的20%，80%的受调查者靠的是利人利己起家并成为富翁的。

约瑟夫自小患上了糖尿病，不能吃含糖过多的食物，特别是冰淇淋。为了解馋，他为自己做了个不含糖的冰淇淋。后来，他又研制出好几种不含糖的糕点。在美国，胖人多，这种低糖食品很受欢迎，约瑟夫尝试着把自己研制的糕点拿去卖，结果取得了巨大成功。如今这位四十岁的企业家已开发了五十多种无糖食品，畅销全美，每年的销售额都能超过两亿美元。

安德鲁年轻时最热衷的就是旅游，为了省钱，他想方设法去弄打折机票、火车票以及汽车票。直到有一天，他突然问自己：我为什么不直接与航空公司、铁道部和汽运公司协商，给那些热衷旅游又想省钱的消费者提供优惠待遇呢？没想到这一简单的主意给他带来了巨额财富。现在,人们通过他的网站不仅可以享受到美国各大航空公司、铁道部和汽运公司的优惠服务,还能找到各地的旅游信息。网站一年的营业额就达到了一亿美元。

成功竟然这么简单,不去害人,也不去苦自己,只做对自己有利对他人有利的事情就可以了。

为自己做一块奶酪

在一次培训课上,安排了一位专家作讲演。讲演的人总希望有人配合自己。于是他问:"在座的有多少人喜欢经济学?"可没有一个人响应。其实在座的很多人都是从事经济学工作的,到这来的目的就是"充电"。可由于怕被提问,大家都选择了沉默。那位专家接着讲了这样的一个故事。

"我刚到美国读书的时候,在大学里经常有讲座,每次都是请华尔街或跨国公司的高级管理人员讲演。每次开讲前,我发现一个有趣的现象,我周围的同学总是拿一张硬纸,中间对折一下,让它可以立着,然后用颜色很鲜艳的笔大大地写上自己的名字,再放在桌前。于是,讲演者需要听者回答问题时,他就可以直接看名字叫人。"

"我不解,便问旁边的同学。他笑着告诉我,讲演的人都是一流的人物。当你的回答令他满意或吃惊时,很有可能就暗示着他会给你提供很多机会。这是一个很简单的道理。"

"事实如此,我的确看到我周围的几个同学,因为出色的见解,最终得以进入一流的公司供职……"

在专家讲完故事之后,不少人都举起了自己的手。

这个故事让人突然明白,机会一般不会自动找到你,只有敢于表达自己,让别人认识你,吸引对方的注意,才有可能寻找到机会。

马化腾的经验

马化腾经营腾讯,总结出十六智:

一、你不可能满足所有用户。二、如果一个蠢方法有效,那它就不是一个蠢方法。三、别忘了你的产品是由最年轻的程序员在最短的时间内开发出来的,所以问题总是无法避免。四、如果某个产品创意只有你一家这么做,那一定是错误的方向。五、没有任何产品开发、运营计划在实践中能顺利执行。六、所有预期五个月才会到来的"瓶颈"总是在三个月时就会遇到。七、重要的事总是简单的。八、简单的事总是难以做到的。九、一般情况下,你除了时间外什么都不缺。十、关键用户的意志应该获得优先考虑。十一、当用户为你免费生产内容的时候,同时也在生产垃圾和风险。十二、需要两个人彼此协助才能完成的任务,通常不会按时完成。十三、资金、设备、人才总是在你最需要的时候找不到。十四、你为产品增加的任何功能都可能反而损害产品竞争力——什么都不做也一样。十五、惟一比竞争对手还可怕的是内部开发、运营人员虚妄的想法。十六、正常用户的行为是可以预测的,但是互联网上却充斥着"变态"的玩家。

谷歌招聘的五项标准

谷歌公司高级副总裁拉兹洛·波克曾分享了谷歌在评估应聘者时采用的五项标准,这些标准就是谷歌关注的核心特征。

第五标准:专业知识。波克表示,通常,在谷歌关注的五个核心特征中,专业知识排在最后一位,其他四个特征比专业知识重要得多。

当人们自认为是某个领域的"专家"或者"经验丰富人士"时,他们很可能在受到质疑时坚决捍卫自己的观点,而不是充满好奇心……

他们的目标往往是"成为权威",而不是寻找更好的解决方案。

第四标准:主人翁意识。在这个几乎所有行业和知识领域每天都会发生巨大变化的时代,不积极完成任务或只被动接受指令的员工,会使公司处在非常不利的境地。

第三标准:谦逊。具备强烈的上进心和友好的态度、认为其他人总能提出很好的意见的人,往往在单独工作时极为高效,在任何团队中都能发光发热。

第二标准:领导力。谷歌采用的不是对领导力的传统评估法,他们要找的人,能在必要时挺身而出,指导并影响其他人取得成果。

第一标准:学习能力。纯粹的学习能力——接受新鲜事物,随时随地学习,在分散的信息中发现规律——是谷歌招聘人员时在求职者身上寻找的最重要的核心特征。

歌剧与餐馆生意

瑞士苏黎世歌剧院对面的餐馆里,经常有听完歌剧进来小酌的客人。据店主人的观察,顾客的多少与歌剧院上演的剧目有关。

听完瓦格纳《漂泊的荷兰人》,沉重的乐曲使人疲惫不堪,听众都急急回家休息,对餐馆来说,生意就不那么好。据说能引来顾客的是《茶花女》,感动至极的听众为了改变情绪,都要进店呆上一会。上演威尔第的《法斯塔夫》时,烤雏鸡就比较好卖。另外,《托斯卡》和《路易斯》能引起人们的食欲,《乡村骑士》使酒的销量上升。最差的是上演现代歌剧,因为不到终场听众已逐渐离去,餐馆也因此冷冷清清。